地下城数学王国历险记

小虫虫大智慧

$84 \times 6 = 504$
$504 - 410 = 94$

纸上魔方 著

吉林出版集团股份有限公司 | 全国百佳图书出版单位

版权所有　侵权必究

图书在版编目（CIP）数据

小虫虫大智慧/纸上魔方著. — 长春:吉林出版集团股份有限公司，2015.8（2022.9重印）

（地下城数学王国历险记）

ISBN 978-7-5534-4015-6

Ⅰ.①小… Ⅱ.①纸… Ⅲ.①数学—少儿读物 Ⅳ.①O1-49

中国版本图书馆CIP数据核字(2014)第035731号

地下城数学王国历险记

小虫虫大智慧 XIAO CHONG CHONG DA ZHIHUI

著　　　者：纸上魔方
出版策划：齐　郁
项目统筹：郝秋月
责任编辑：李金默
责任校对：颜　明
出　　　版：吉林出版集团股份有限公司（www.jlpg.cn）
　　　　　　（长春市福祉大路5788号，邮政编码：130118）
发　　　行：吉林出版集团译文图书经营有限公司
　　　　　　（http://shop34896900.taobao.com）
电　　　话：总编办 0431-81629909　　营销部 0431-81629880/81629881
印　　　刷：鸿鹄（唐山）印务有限公司
开　　　本：720mm×1000mm　1/16
印　　　张：9
字　　　数：100千字
版　　　次：2015年8月第1版
印　　　次：2022年9月第19次印刷
书　　　号：ISBN 978-7-5534-4015-6
定　　　价：39.80元

印装错误请与承印厂联系　　电话：13901378446

主人公介绍

母猫美娜

猫王波奥

公猫迪克

地下城猫王国

公猫伯爵

母猫妮娜

猞猁王国

猞猁虫虫

猞猁瑞森

猞猁王莫多

猞猁弗伦

托博

老寿星

布鲁

穿山甲国

媚媚

杰伦克

飞蛾黛拉

鼠小弟洛洛

小青虫苏珊

人面蛾

树上的城堡

大青虫

大盗飞天鼠

海盗桑德拉

海盗军师

海盗卡门

海盗王

海盗们

老海盗王

海盗菲尔

地洞里的动物们

蜘蜘蛄马克

蚰蜓爷爷

蜘蜘蛄大婶

蚯蚓大叔

蜈蚣普里

蚯蚓艾比

目录

种子店里的小学徒	1
小青蛙们爱学习	5
龙兄弟的铠甲	9
百脚虫收到比萨饼	14
乘着热气球飞行	19
黑暗幽灵的迷宫	23
秋天的草场	28
下下城购买的水晶球	31
猫城的五个大总管	36
沉睡的大蟒蛇	40
被白眉黄鼠狼偷走的年历	45
鼠老板的藏金袋	49
聪明的老海盗王	54
亡灵密室	59

CONTENTS

螨虫雷尔的银行存款 ············· 65
维拉斯赌城的新玩法 ············· 70
艾比与马克有办法 ··············· 74
臭鼬夫妻建城堡 ················· 78
猫公主战胜甲虫骑士 ············· 82
被烧掉的信 ····················· 86
虫幽灵的宝藏 ··················· 89
龙冢 ··························· 94
猞猁送信 ······················· 98
金蟾的神奇游泳池 ··············· 101
有趣的厨艺大赛 ················· 105
海盗们的棒球比赛 ··············· 110
霸王猫当图书管理员 ············· 116
蚰蜒爷爷的难题 ················· 121
老女巫的花园 ··················· 124
人面蛾的重要约会 ··············· 129

种子店里的小学徒

蚯蚓大叔最近要翻修房子,为了帮助爸爸减轻经济负担,小艾比决定去种子店工作。

"想要到我这里工作,你必须穿得干净整洁,反应迅速,工作认真。"种子店的蝗虫老板威严地坐在柜台上,透过厚厚的镜片盯着艾比。

艾比第一次见到这么严肃的老板,不免双腿直打哆嗦。

"你一定没什么工作经验。"蝗虫老板把脑袋伸向艾比,"如果你让店里的种子受到损失,或者算错价钱,亏掉的钱全得由你来赔偿。"

艾比感到头晕目眩，它从未想过自己出来工作赚钱，还会赔别人的钱。

但一想到爸爸最近正在为翻修房子发愁，它马上点点头。

"跟我来。"一只行动缓慢、表情傲慢的鼻涕虫把艾比领到员工休息室，让它换上了一套干净的工作服。

辛劳的一天开始了。艾比在货架上忙碌不停，不断地取出各种各样的种子，如果反应慢一点儿，就会受到老板的批评。

最可怕的是，顾客会购买一些零零散散的种子，这让艾比十分头痛。

"快点。"鼻涕虫摆着架子，对艾比大吼。

艾比急得满头大汗："一个顾客一共带了0.78元钱，绿豆种子每千克0.25元，顾客想知道，它一共能买多少千克的绿豆种子？"

"不要重复我的话。"顾客毛毛虫乔尔气急败坏地挥舞着钱袋，"我要赶最后一班公交车回家。"

蝗虫老板冷冷地盯着艾比，令艾比没想到的是，它的眼神突然变得温和起来："谁第一次工作，都会遇到麻烦。只要用心去做，一切难题都能解决。"

鼻涕虫的表情也不再那么冰冷："老弟，我刚来的时候，比你还要紧张。"

小艾比不那么紧张了，可对于这笔账，一时间还是无法算清楚。

它把求助的目光投向蝗虫老板。

"这笔账不像你想得那么难算。"蝗虫老板慢慢地说。

"我知道,顾客能买的绿豆种子=0.78÷0.25,可是,0.78和0.25,都有小数点,看起来太复杂了……"艾比快要哭出来了。

鼻涕虫撇了撇嘴说:"瞧你说的。难道你没有学过'商不变'的性质吗?"

"商不变?"艾比愣了一下,努力冷静下来,思索着爸爸教自己的数学知识。

"还是我来提醒一下你吧。"毛毛虫乔尔说,"在除法里,被除数和除数同时扩大或缩小相同的倍数(0除外),商不变。这就是商不变的性质。"

艾比点了点头。

"所以你看,"蝗虫老板说,"根据商不变的性质,$0.78÷0.25=(0.78×4)÷(0.25×4)$。下面你会算了吗?"

艾比恍然大悟,在纸上算出了答案:

$0.78÷0.25$

$=(0.78×4)÷(0.25×4)$

$=3.12÷1$

$=3.12$

艾比高兴地大叫着:"顾客能买3.12千克绿豆种子!"

毛毛虫乔尔很满意,特意给了艾比一笔小费。

蝗虫老板也很欣赏艾比的聪明才智,为它提高了工资。而鼻涕虫也对艾比刮目相看,成为它的好朋友。艾比非常高兴,这下爸爸维修房屋的钱马上就可以凑够了。

小青蛙们爱学习

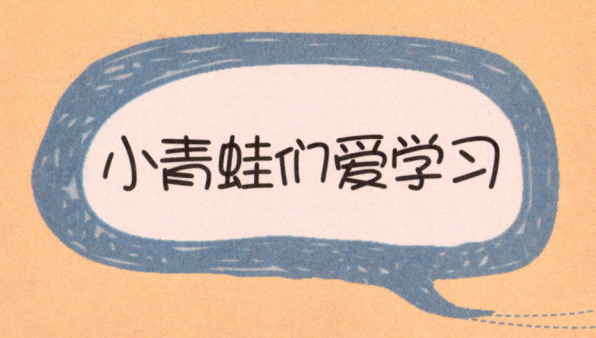

34只小青蛙上学了，青蛙妈妈非常重视小青蛙的学习，常常陪伴它们学习到深夜。

最近，34只小青蛙的考试成绩都公布了出来。其中，有32只小青蛙的学习成绩非常优秀，它们的平均分是84分。

而丘吉和乔乔的考试成绩糟糕一些，只考了82分。

青蛙妈妈安慰小青蛙，可是起不到一点儿作用。

丘吉与乔乔整日唉声叹气，每天放学，都把自己藏在卧室里不肯出来。

"其实乔乔和丘吉这一次只是有点儿发挥失常。可是，该怎么劝说它们呢？"青蛙妈妈皱起了眉头。

鲶鱼公主妙拉前来拜访它们，看到青蛙妈妈一副发愁的样子，问清了原因。

"这样吧，我们把乔乔和丘吉之前的试卷收集起来看一下，说不定能想出个开导孩子们的好办法。"妙拉说。

青蛙妈妈找出了乔乔和丘吉前5次的考试试卷。乔乔的成绩分别是：85、87、84、86、88；而丘吉的成绩分别是：84、88、86、91、87。

"呵呵，"妙拉只看了一眼就笑了起来，"把孩子们叫出来吧，我知道该怎么开导它们了。"

青蛙妈妈高兴地去叫乔乔和丘吉出来。

"好孩子，你们因为这一次没考好，所以就心情不好。我不是在说好话安慰你俩。我说你们的成绩一直不错，是从你们之前的成绩中推算出来的。"妙拉笑着说，"孩子们，你们会算平均数吗？"

"嗯，会。"丘吉说，"老师教过，用一组数的和，除以这组数的个数所得的商，就是这组数的平均数。"

"对呀。现在你们分别算一下自己在前5次考试中的平均成绩好不好？"妙拉和蔼地提出了要求。

乔乔和丘吉点点头，拿出各自的本子算了起来。

乔乔在纸上写下：

（85+87+84+86+88）÷5

=430÷5

=86（分）

7

丘吉在纸上写的则是：

（84+88+86+91+87）÷5

=436÷5

=87.2（分）

两只小青蛙都瞪大了眼睛："啊，原来我们的平均成绩都在85分以上，还不错啊。"

鲶鱼公主妙拉认真地说："所以，不能凭一次考试成绩，就断定自己是笨小孩，灰心丧气。事实上，从任何时候开始努力都不算晚。你们以后一定要端正心态，不能被挫折打败。要做一个自信、努力、积极向上的孩子。"

两只小青蛙都点点头。

果然，它们之后经过努力，在下一次考试中都取得了好成绩。青蛙妈妈非常高兴，也为有这样的宝宝而骄傲。

84×6=504

504-410=94

龙兄弟的铠甲

黑龙凯西与黄龙犹利最近甭提有多威风了。

它们挖沙清河有功,不仅受到居住在地下河道两岸的动物的拥戴,还惊动了沉睡千年的绿毛龟。

"谁能保护地下河,谁就是地下河里的勇士。"绿毛龟老得连步子也迈不开,眼睛却很灵活,盯着龙兄弟,"上次沉睡的时候,正是由于河水泛滥,勇士全在与怪兽的搏斗中死掉了。那时候,河水浑浊不堪,根本无法再生存。"

犹利绕着巨大的绿毛龟游来游去:"这么说,你正是因为钻进河底的淤泥里,才躲过了动物大灭绝的灾难?"

"正是这么回事。"绿毛龟点点头,"而你们这次清理河道的淤泥,把我吵醒了。要不然,我可能还要睡一千年。"

从这天起,龙兄弟每天都听绿毛龟讲很古老的故事。

有一天,绿毛龟讲完故事,突然变得一脸神秘:"我有礼物送给你们。"

龙兄弟瞪起眼睛。

"两副铠甲。"绿毛龟说,"是你们的祖先留下的。我藏在了很深的河底淤泥里。"

绿毛龟钻进泥沙,过了很久才吃力地爬出来。

在它的身上,套着两副铠甲。

龙兄弟叫来老龙王，老龙王对着铠甲看了看，摇摇头："我只是听爷爷提起过巨大的龙祖先。却没见过这么大的铠甲。"

黑龙与黄龙将铠甲套在身上。铠甲太大了，不仅压得它们透不过气，还让它们无法活动自如。

绿毛龟想了很久，突然叫道："很久以前的龙祖先不仅个头儿大，还很威猛。但据我所知，在更久以前，龙祖先的个头儿更大呀。可是，它们所穿的是一副铠甲啊。"

"你是说，这副铠甲可以变大，也可以变小？"凯西叫道。

"对对。"绿毛龟好像把一切都想起来了，"在我很小的时候，我眼睁睁地看到过一个龙勇士，穿上过这副铠甲。"

龙兄弟研究着铠甲，它们念了许多稀奇古怪的咒语，铠甲却没有什么变化。

一直沉默不语的老龙王眨眨眼:"想要让铠甲变小并不难,但这得通过智慧。我记得爷爷曾经说过,只要轻轻抚摸它,告诉它你的龙鳍有多大,它就可以变成那样大。"

老龙王轻轻抚摸铠甲,说出自己的龙鳍大小,铠甲闪着金光变小,被老龙王穿在了身上。

龙兄弟立即胡乱地说出许多身长、体重,结果,铠甲不是变大就是变小,它们根本穿不上。

"我来量一量我身上的龙鳍。"凯西拿来一把尺子,并画出一幅图。

犹利看到凯西画的图后惊呆了:"这跟我们的龙鳍可一点儿都不像啊。"

"你放心吧!经过我的精确测量,只要能算出阴影部分的面积,就能知道我们的龙鳍有多大。"凯西信誓旦旦地说,"你看,阴影部分是3个三角形,它们的底边都是5分米,高都是10分米。哎呀,这要怎么算它们的面积之和呢?"

犹利迟疑地说:"三角形的面积=底×高÷2,这个公式我知道。那么,1个三角形面积=5×10÷2=50÷2=25(平方分米);阴影部分一共有3个三角形,所以阴影部分的面积也就是我们的龙鳍面积=25×3=75(平方分米)。"

凯西刚说完,铠甲就变小了。

它披在身上,不大也不小。犹利也用这种方法穿上了铠甲,不大也不小。兄弟俩穿着铠甲,谢过绿毛龟,威风凛凛地去巡河道了。

百脚虫收到比萨饼

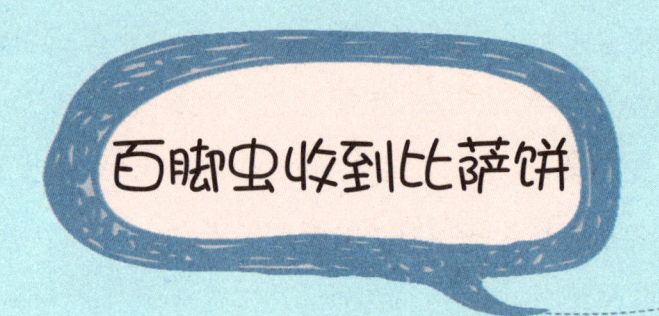

百脚虫狄西卡去邮局取回一个包裹,打开包裹,它不由得瞪大了眼睛。

"里面居然是一张比萨饼。"同去的螨虫雷尔刚要跳到比萨饼上,被狄西卡拦住。

"这是表妹露茜送的。"狄西卡闻到了表妹身上特有的芳香。它们发现里面有一张小纸片,上面写道:

"表哥,这是我赠给雷尔、普里、蚰蜒爷爷、蚯蚓艾比、蝲蝲蛄马克,还有你的一份礼物——一张我亲自烤的比萨饼。我到现在也忘不了,在地下城里,你的伙伴们赠送给我的礼物。表妹露茜敬上。小贴士:在吃之前,不要忘了按照盒子上的标记把比萨饼的边去掉,我想在运输的过程中,比萨饼边会受到磨损,影响它的美味。我希望你们在品尝比萨饼的时候,能感受到全身心的快乐。"

"根本愉快不了。"雷尔早就对比萨饼垂涎三尺,却不能一个人吃它,气得直跳。

"表妹说是送给我们几个的礼物。"狄西卡说,"所以不能由你独自享用。"

"可是,你的表妹根本没有标清每个伙伴可以分到多少啊。"雷尔说,"不如我们把它全部吃掉。"

狄西卡阻止了贪吃的雷尔，并叫来了普里、蚰蜒爷爷、蚯蚓艾比与蟋蟀蛄马克。

"露茜一定是让我们每个伙伴都分到相等的一份。"狄西卡说，"可是，它太粗心大意，竟然没有提前把比萨饼切出来。"

"我的一毫也不能小。"雷尔叫道。

"蚰蜒爷爷是长者。"艾比说，"恐怕也不能给它切小了一部分。"

狄西卡取出刀，先按照露茜在信中嘱咐的，把比萨饼的边去掉。这些地方确实已经磨损了，看起来不太漂亮。但是贪吃的雷尔还是一把抢过来扔进了大嘴里，两下就嚼完咽了下去，然后眼

15

巴巴地看着那块漂亮的比萨饼。去掉了边之后，这个比萨饼变得跟露茜在盒盖上画的三角形一样，是一块诱人的等边三角形比萨饼。

蚰蜒爷爷拿过装比萨饼的盒子，看着露茜在盒盖上画的三角形，眯眼笑了起来，"露茜真是个聪明的丫头，它在盒子上已经做出了标记。我们按照标记来分，每个人得到的比萨饼都一样大。"

它说着，把盒盖上的三角形撕了下来。

蚰蜒爷爷问小伙伴们："你们能标出这个三角形每一条边的中点吗？"

"中点？什么叫中点？"雷尔傻呵呵地看着蚰蜒爷爷。

"你呀，就会吃。"普里气得点了点雷尔的脑袋，"如果线

段上有一点,把线段分成相等的两条线段,这个点就叫作这条线段的中点。"

普里正说着话,狄西卡已经麻利地量好了每条边长的中点,在每个中点的位置做了个记号。"然后呢?"

蚰蜒爷爷笑着说:"然后,从每条边的中点向它的对角画一条直线。"

狄西卡按照爷爷的话,画了三条直线,这三条直线在三角形中相交了1个点。

"接下来,你们知道该怎么办了吧?"蚰蜒爷爷慢吞吞到餐桌前面坐下,自顾自地戴好了餐巾。看样子,是准备吃比萨饼了。

"让我们自己算？"狄西卡吃了一惊。

"啊！我不管！我要赶快吃比萨饼！你们快点给我算出来！"雷尔急得直跳脚。

"别闹！"普里先制止了乱嚷的雷尔，又鼓励狄西卡说，"相信你一定能行的，别让我失望啊！"

狄西卡冷静下来，默默地想：三角形的面积=底×高÷2，等边三角形的每条边长度相等，因此被中点划分出的两个线段长度也是相等的。把这些中点和它的对角用线段连起来，就形成了6个小三角形。再一看，这些小三角形的高也都是相等的。

"嗨！我算出来了！"狄西卡兴奋地把比萨饼分成6份，先端了一份放到蚰蜒爷爷的面前。

"呵呵，你不仅头脑聪明，而且还很有礼貌。是个好孩子。"蚰蜒爷爷微笑地称赞了它。

小伙伴们美美地品尝着比萨饼，度过了一个快乐的下午。

乘着热气球飞行

大盗飞天鼠一直渴望能像鹞鹰一样自由自在地飞翔，它从地下城的军事博物馆里偷来一张制作热气球的图纸。

几天后，一个能飞上高空的热气球出现了。

"有了它，我可以带着茉莉到世界各地去旅行了。"飞天鼠跳上了热气球。

鼠小弟把各种食物与生活用品，抬上热气球。飞天鼠割断绳索，本以为热气球会乘风而飞，万里翱翔，却没想到它静静地飘在原地，一动不动。

飞天鼠拿出图纸，对着热气球研究了半天，目光最终停留在喷火池里。

"热气球之所以能飞上高空，正是由于喷火池里的火焰燃烧所产生的气体，让它飞上高空。"飞天鼠说，"我们所制作的热气球，喷火池里的燃烧液与图纸上的不一样。"

"这个喷火池长24分米，宽9分米，高8分米。"鼠小弟说，"按照图纸上说，往这个池子里倒入燃烧液，就可以让热气球飞起来。不知道是哪里出了问题……"

飞天鼠冥思苦想，忽然想到一个问题："我听人说过，如果想让热气球飞上天空，注入的燃烧液要保持在一个安全范围内才行。小于这个安全范围，热气球飞不上去。即使是飞行中的热气球，也要时时关注一下燃烧液的多少。如果燃烧液消耗多了，还会掉下来呢。"

鼠小弟听着，被吓出了一身冷汗："幸好没有贸然飞上天空，不然我们掉下来就惨了。"

"说那些干吗！快去查资料，看看那个安全范围到底是多少啊！"飞天鼠说。

鼠小弟抱着一堆资料查了半天，皱着眉头说："资料里说，我们这种热气球要用的燃烧液，要在432~1728立方分米之间。如果大于这个数值，那么气球会爆炸掉；如果小于这个数值，那么气球根本飞不起来。"

"那我们快去看燃烧液到底出了什么问题，是多了还是少了啊！你还皱着眉头干什么？"飞天鼠问。

"我……我还没算出来432~1728立方分米的燃烧液，倒入喷火池之后会有多高啊。"鼠小弟不好意思地说。

"哦，"飞天鼠咂了咂嘴，"想不到你这个机灵鬼也有算不出问题的时候啊。我来提醒你吧。长方体的体积=长×宽×高。现在我们至少需要432立方分米的燃烧液，而长度和宽度都已经知道了，分别是24分米和9分米，只求高的话，还不好算吗？

432÷24÷9=2，也就是说，只要我们保证灌入的燃烧液高于2分米，热气球就一定可以飞起来！"

"而1728÷24÷9=8！哈哈，喷火池的高度也只有8分米啊！

只要我们别把燃烧液灌到溢出来,热气球是不会爆炸的!"鼠小弟一下子蹦了起来,高兴极了。

"快走!肯定是因为燃烧液还不够,所以才没飞起来!"

它们跑去增加了燃烧液的量,热气球果然很快升上了天空。它们邀请了人面蛾、飞蛾黛拉还有鼠小姐,一起高高兴兴地乘坐热气球环游世界去了。

黑暗幽灵的迷宫

种子店的蝗虫老板要鼻涕虫去黑暗森林收购一批种子。鼻涕虫与蚯蚓艾比一起上路了。

旅途很顺利,但到了黑森林,它们遇到了可怕的麻烦。

当鼻涕虫与艾比走进一片生满蕨类植物的森林,前方突然传来一个可怕的声音。

"大胆的家伙,"这个声音沙哑又苍老,"谁闯入黑暗森林,谁就要付出代价。"

鼻涕虫与艾比刚想解释一番,眼前突然浓雾弥漫,它们什么

也看不见,跌跌撞撞地朝前走去。

"艾比,你在哪里?"鼻涕虫大喊。

"你在哪里?"艾比的心中同样充满了恐慌。

"你们被我关进了黑暗迷宫里。"黑暗中的声音吼道。

鼻涕虫很快便用自己的身体测量出,这是一个圆形的迷宫,它的直径是100厘米。从声音上来判断,艾比正在这个圆形的另一侧。

"你们这两个讨厌鬼,"黑暗中的声音吼道,"竟敢闯到黑暗幽灵的家中!尽管在黑暗里爬行吧,我永远都不会放你们出去了!"

"不要这样！"艾比惊恐地大叫，"我们只是受老板的派遣过来收购种子，我们没有任何要冒犯您的意思啊！"

"哼，谁知道你的话是真是假。"黑暗幽灵的声音顿了顿，语气有所缓和，"好吧，如果你们是店员的话，那脑子一定很好使吧？那你们就来算算这道题：假设你们的爬行速度分别是5.5厘米/分钟和4.5厘米/分钟，按照这个速度，你们在迷宫里相向而行的话，要多久才能相遇？"说完，黑暗幽灵又恶狠狠地加了一句，"如果算不出来，就说明你们是撒谎精，罪加一等，永远都别想从迷宫里出去！"

鼻涕虫吓得啜泣起来，艾比强迫自己冷静下来，对鼻涕虫说："别哭，回忆一下相遇问题的公式。"

鼻涕虫虽然吓坏了,但脑子还算清醒,很快就回答上来:"相遇时间=总路程÷速度和。"

艾比思索着,"我们的速度之和有了,是5.5+4.5=10,但是总路程呢?"它忽然大叫了一声,"嗨,总路程当然就是这个圆形迷宫的周长啦!"

鼻涕虫立刻补上一句:"圆的周长=直径×圆周率=半径×2×圆周率,刚才我已经量出来,这个圆形迷宫的直径是100厘米。那么总路程=3.14×100=314(厘米)。"

艾比说:"那么,相遇时间=314÷(5.5+4.5)=314÷10=31.4(分钟);我们会在31.4分钟后相遇!"

艾比刚说完,黑色的烟雾突然不见了。

原来,黑暗幽灵其实正是神秘种子的主人。它对蝗虫老板说过,只有最勇敢和最有智慧的员工,才可以买它的种子。而蝗虫老板非常信任这两个店员,就把它们派来了。

艾比与鼻涕虫没让蝗虫老板失望,它们成功地收购了种子,还得到了黑暗幽灵的神秘礼物,满载而归,离开了黑暗森林。

秋天的草场

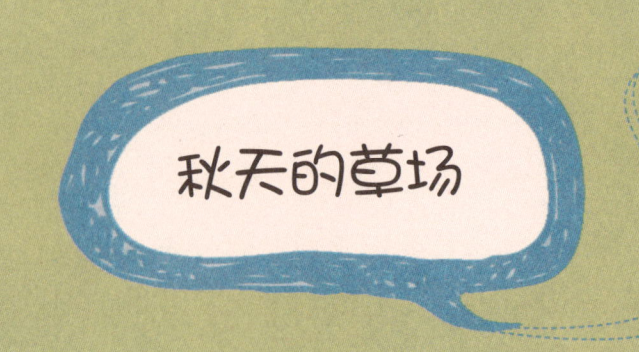

草原之乡的天气逐渐转冷,果子狸们犯了愁。

果子狸伊莱神情严肃地找到海娜:"草地上的草每天都以固定的速度在减少,我们必须提前做好准备去下下城,才能避免挨饿。"

急性子的海娜焦虑万分,现在,河面还没有冰封,它们无法乘雪橇赶到下下城。

"现在去下下城,必须乘船去。"海娜说,"但船很小,我们得分批走。"

碧娜的性格比姐姐冷静:"现在的草还够我们吃几天?"

"草场的草可供20只果子狸吃5天,或者可供12只果子狸吃7天。"伊莱说。

海娜与碧娜马上安排其他的果子狸乘上小船,一批批果子狸离开了草原之乡。到最后,留下了海娜、碧娜与伊莱等一共6只果子狸。

小船去下下城,返回来需要一段时间,留在草原之乡的果子狸很是担忧。

"如果小船回来晚了,我们恐怕全要饿肚子了。"海娜说,"而乘船去下下城,我们还要准备足够的食物。"

姐妹俩算来算去，怎么也算不出剩余的草够6只果子狸吃几天。它们又来求助伊莱。

伊莱并没有直接回答海娜与碧娜，而是将它们带到了草场。

它割出1平方米的草："我们每天大约吃1平方米的草。"

望着成片的草场，海娜忧虑万分："要把所有的草都割完，才能测算出这些草够吃几天吗？要知道，果子狸从来也不吃干草。"

"现在，我们得求出草地上的草每天减少的量。我们在一定的时间内所吃的草量包括两类，即一定规模的草地原有的草量和一定时间内逐渐减少的草。"伊莱说，"我们每只果子狸每天吃1平方米的草，则草地上每天草的减少量为：$(20 \times 5 - 12 \times 7) \div (7-5) = 8$（平方米）。"

碧娜说:"这么说,想要计算出这片草场剩的草量,就是 20×5+5×8=140(平方米)了?"

果子狸们马上测量了草场,发现正像碧娜计算的,剩余140平方米的草场。

海娜不那么害怕了:"要是这样的话,总共有140平方米的草场,就该用140÷(6+8)=10(天)。"

果子狸们欢呼起来,因为照这样看,不仅在小船返回之前,它们不会饿肚子,还可以带上足够的食物去下下城。

果然,小船回到草原之乡时,还留有足够多的草。它们带上食物与衣服,高高兴兴地乘船去了下下城。

20×5+5×8=140
140÷(6+8)=10

下下城购买的水晶球

为了给穿山甲老寿星过寿,穿山甲王托博最近购买了一批水晶球来装饰下下城。但负责押运水晶球的穿山甲队伍,半途受到野猫们的攻击,四处乱逃,水晶球全都遗失了。

听到这个消息,托博急得寝食不安,连忙派出众多的穿山甲去寻找水晶球。

"什么?"听到穿山甲杰伦克的话,托博跳了起来,"你不知道一共买了多少个紫水晶球与绿水晶球?"

"账单与水晶球保存在一起。"杰伦克说,"受到野猫攻击时,水晶球滚得四处都是，账单也不见了。"

托博不安地走来走去："老寿星马上就要过寿，我们必须在摆寿宴前找回那些水晶球。"

穿山甲媚媚安慰杰伦克："别着急，仔细想想，也许能想起究竟买了多少个水晶球。"

杰伦克一脸沮丧："我只记得紫水晶球的价格是120个金币，绿水晶球的价格是150个金币，总共花了1530个金币。"

托博说："单凭这一点，根本无法算出一共买了多少个水晶球。"

它看向杰伦克："还能再想起什么吗？"

杰伦克摇摇头。它情绪低落地离开了托博的寝宫。

被这件事情压在心头，杰伦克一整夜也没有合眼，它忽然想起了什么，飞奔进托博的寝宫。

"我记得，绿水晶球好像比紫水晶球多了3个。"杰伦克叫道。

两只穿山甲思来想去，嘀咕个不停，正巧被老寿星听到。它虽然老，但脑袋却不笨："依我看，只要将绿水晶球多出来的3个取走。那么，两种颜色的水晶球就一样多了。"

"你是说，这样就能求出紫水晶球的个数？"托博问。

无奈，穿山甲老寿星总是打瞌睡，这会儿居然睡着了。

托博正要出去找蚰蜒爷爷，被杰伦克拦住："我知道紫水晶球有多少个了。"

"赶快说。"托博叫道。

"买两种球花了1530个金币,多买了3个绿水晶球,每个150个金币,用总数减去3个绿水晶球的钱数,也就是1530-150×3=1530-450=1080,正好剩1080个金币。再用这个数去除以每只紫水晶球与绿水晶球加在一起的金币数,1080÷(120+150)=1080÷270=4,正好是4个。"

托博在地上走来走去,又跳到杰伦克身边:"紫水晶球买了4个?"

"正是。"杰伦克说,"绿水晶球多了3个,就是7个。"

托博灵机一动:"我居然忘掉了,每只水晶球都固定地安在宫殿的某个角落,我们去数数那些专门安放水晶球的座基不就知道啦!"

两只穿山甲急急忙忙赶到宫殿中。它们数了数，正好是安装11个水晶球的座基。这时候，令人惊喜的消息传来了，外出寻找水晶球的穿山甲已经归来，正好找回11个水晶球。

水晶球安装好后，下下城更明亮，也更富丽堂皇了，而爱睡觉的老寿星这时候才醒，开口就嚷要吃掉十一块水晶糖。原来，别看它老，却一点儿也不糊涂，居然在睡觉的时候算出了丢失的水晶球数量。

猫城的五个大总管

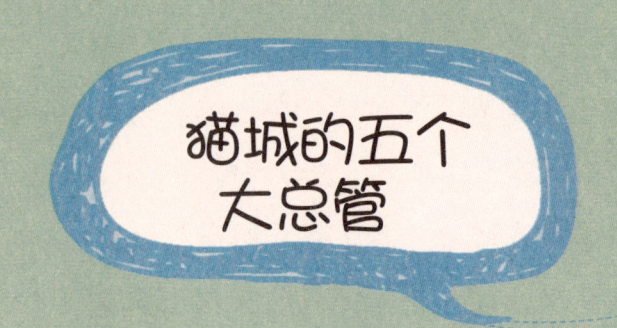

"如果不想个好办法，猫城会乱套的。"妮娜担忧地盯着猫王波奥。

最近，波奥要选出一位猫国的治安总管，以免闲来无事的公猫总是无理闹事。

"可不能我们自己选。"妮娜说，"霸王猫很霸道，迪克的脾气很暴躁，伯爵性格沉稳。而治安总管就只有它们三个可以胜任。我们不管选谁，其他的猫都不会满意，到时候，说不准猫城要有一场大战呢。"

波奥忧愁地迈着猫步。在它的内心当中，虽然迪克总是摆出一副至高无上的样子，但它还是很希望迪克能够实现统治别人的愿望。

再说，迪克虽然爱管束别人，却也愿意帮助别人。

但霸王猫也总是在猫城里有猫受到伤害时挺身而出。而伯爵就更不用说了，它总是无微不至地照顾那些可怜的小猫们。

妮娜说出了思考几天的主意："按我说，不如让大家选一选，投票决定。最好选出五位猫总管：生活总管、治安总管、粮食总管、军队总管、卫生总管。这样，出色的大公猫们都有职务，就不会起任何纷争。"

波奥拍手叫好。它马上组织了一场投票选举，让母猫妮娜、美娜、伊薇、蕾特与雪莉进行计票。并把大公猫伯爵、霸王猫、迪克、凯特与涵尔分别用5个编号代表。

伯爵是1号。

霸王猫是2号。

迪克是3号。

凯特是4号。

涵尔是5号。

这次的投票是秘密进行的,没有公布5只大公猫的身份和要从事的工作,而由大家通过5个数字选择。票投完了,母猫们公布结果。

美娜回答:"2号是生活总管,5号是军队总管。"

妮娜回答:"2号是治安总管,4号是粮食总管。"

伊薇回答:"1号是粮食总管,5号是卫生总管。"

雪莉回答:"3号是治安总管,4号是卫生总管。"

蕾特回答:"2号是军队总管,3号是生活总管。"

令波奥头痛的事情出现了,5只母猫每只都只说对了一个职务和它对应的编号。

5只大公猫们等得不耐烦,纷纷催促赶快宣布结果。

"我们必须知道1—5号究竟都是什么职位。"

为了让混乱的思绪清晰一些,波奥特意画了一张图:

	1	2	3	4	5
美娜		生活总管			军队总管
妮娜			治安总管	粮食总管	
伊薇	粮食总管				卫生总管
雪莉			治安总管	卫生总管	
蕾特		军队总管	生活总管		

事情并没有像波奥所想得那么简单，迎刃而解，它观察着图，还是无法弄清楚到底是谁担任了什么职务。

这时候，老猫罗浮给它出主意："现在，每只母猫都只说对了一个职务和它对应的编号，我们可以从美娜开始推断。"

波奥瞪起眼睛。

"如果美娜说2号是生活总管是对的，那么，蕾特选3号是生活总管就错了。因为蕾特一定要说对一个编号，那么，说2号是军队总管就应该是对的。"罗浮说。

波奥受到了启发："这么说来，2号是生活总管又是军队总管是不可能的？"

罗浮点点头："用这样的推断，就可以推出正确的答案。"

"1号只有伊薇回答，"波奥思考着，"那么伊薇所说的'1号是粮食总管'肯定是正确的，那么'5号是卫生总管'就错了，而雪梨说的4号是卫生总管肯定就是对的。照这样推断，1号是粮食总管，2号是治安总管，3号是生活总管，4号是卫生总管，5号是军队总管。"

波奥马上把这个结果宣布出去，5只大公猫都得到了自己满意的职务，它们更加团结一心，保卫猫城。

沉睡的大蟒蛇

刺猬布鲁又犯了贪吃的老毛病。它从下下城的古井悄悄溜进了蟒蛇多宝的家。

正当布鲁趴在食物柜里大嚼方糖时,被多宝沉重的大尾巴一下子按住。

"嘿,终于逮着你了。"多宝瞪着绿色的大眼睛,舌芯吐到了布鲁的脸上。

布鲁连忙缩成了一个球:"我是第一次来。"

"这个月,我一共丢了四罐方糖。还敢嘴硬。"多宝大吼着。

"一定是狐狸默默。"布鲁之所以知道多宝的食物柜里有方糖,正是听狐狸默默说的。

但怒火冲天的多宝怎么会相信布鲁的话。它把布鲁关进了耻辱箱里。箱子只有一个小洞供布鲁呼吸,里面又黑又冷,布鲁冻得直打哆嗦。

"求你,"布鲁哀求着,"放我出去。"

多宝拖着尾巴去喝下午茶了,它要好好教训布鲁一顿。

布鲁被关在耻辱箱里一连几天几夜,忽然,它听到一声微弱的呼叫,连忙在黑暗中睁开眼睛,透着缝隙朝外看。

"贝雅?"布鲁兴奋得跳起来,这确实是妹妹贝雅的说话声。

"我来救你。"贝雅悄声说,试图打开耻辱箱。

睡梦中的多宝被惊醒,它十分恼怒,把贝雅也关进了耻辱箱里。

兄妹俩绝望万分,忍不住大哭起来。

别看多宝是一条巨大的蟒蛇,它的心肠也不是那样坏。

它爬到耻辱箱前,眼睛探向洞口:"想要出去也可以。你们谁也没听说过我的爸爸吧?它曾经去猫城应聘大总管,过五关,斩六将,眼看着当上大总管,却因为一道小小的题目没有成功。因为这个,它不吃不喝,现在还躲在深洞里冬眠。"

"这真让人不敢相信,"布鲁叫道,"难道洞底深处的大蛇不是石头雕刻的?"

"当然不是。"多宝说,"老猫王出的题目是:如果爸爸是猫城的总管。整个猫城包括总管在内共有36名侍者。这一天,爸爸一直在自己的宫殿里办公,没有和其他任何一名侍者见面。那么,这一天,侍者在宫殿里最多能遇到几名同伴?"

"当然是35名。"布鲁叫道。

"你们跟我爸爸的回答一样,"多宝忧伤地说,"可惜谁也救不了爸爸。我知道,一旦知道正确的答案,它就会重新振作起来。"

别看贝雅小,却很有智慧:"先把我和哥哥放出来,我就告诉你正确答案。"

多宝半信半疑,满足了刺猬兄妹的请求。

"首先，那些侍者肯定没见到你爸爸。"贝雅说。

"这不用你说我也知道。"多宝不耐烦地喊道。

"我们一共有三个，"贝雅不气也不恼，"现在，你看到几个呢？"

多宝眨眨眼，又眨眨眼："如果不算我自己，那么是两个。"

它恍然大悟："你是说，这35个侍者当中，不管是哪一个侍者，最多只能见到34个同伴？"

"是啊。"贝雅说，"因为老猫王所说的是它见到几个同伴，而不是加上它自己。"

多宝一路飞奔，朝洞底最深处爬去。

刺猬们想趁机溜走，却没想到，刚爬到洞口，多宝的长脖子就伸了上来，拦住了它们。

它们吓得魂飞魄散，却闻到了方糖的气味。

"你们真是聪明的小刺猬，"多宝叫道，"爸爸居然醒了。它大喊沉睡这么多年，它思考的就是这个问题。经你们一提，它完全醒悟了。不管成不成功，它现在想马上去应聘这个职位。"

刺猬兄妹抱着方糖高高兴兴地回到了下下城。而大蟒蛇也果真从洞底爬出来，去了猫城。

看到沉睡几百年的巨蟒，猫们除了惊讶，还很兴奋，因为它知道许多许多古老的故事。波奥最终决定，就让它当讲故事的总管。

大蟒蛇非常高兴，从此，开始日夜不停地讲述那些古老的传说。

被白眉黄鼠狼偷走的年历

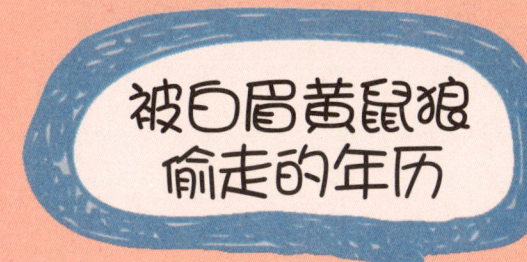

猞猁国每过84年就要举行一次国庆，在那一年，会把十二生肖属相之一，也就是那一年的属相，雕凿出来，摆在地下城的广场上。

打造石像需要几年的时间才能完成，所以在国庆很久之前就要开始动工。

但令猞猁王莫多害怕的是，地下城众国所沿用的年历，居然有一部分被狡猾的白眉黄鼠狼大盗偷走了。

"如果没有年历，我们就无法知道2020年是哪一个生肖的年份。"莫多发愁地说，"如果不及时动工，恐怕那一年就无法举行国庆了。"

瑞森想了想:"地下城的十二生肖,分别是猫、狸猫、狻猊、穿山甲、蚯蚓、臭鼬、果子狸、刺猬、蚰蜒、青虫、龙、人面蛾,每一个动物代表一年,正好是十二年。"

"你说得没错。"莫多说,"但年历被盗走,我们根本无法知道2020年的生肖。"

不仅狻猊国,地下城所有的动物听说年历被盗走,都慌了神。

因为它们的日常起居,春播秋收,全靠着年历上的时间行动呢。

"必须想到一个好办法,要不然,地下城得乱了套。"莫多咬着牙齿,"如果让我抓到白眉黄鼠狼,一定不会饶过它。"

地下城里几乎所有的动物,都跑出去寻找白眉黄鼠狼了。

可是几天下来,一点儿消息都没有。

莫多越等越焦虑，猞猁虫虫的话，令它眼前一亮。

"为什么不试着推算一下？"虫虫也是思考了好几天，"上一次大典是哪一年？"

"1937年。"莫多说。

"那一年是什么年呢？"虫虫问。

"是猫年。"莫多翻了翻没被偷走的年历，说道。

"从猫年一直到人面蛾年，正好是12年，也就是说属相的周期是12。"虫虫说，"从1937年到2020年之间，共经历了2020-1937+1=84（年）。"

莫多瞪起眼睛，要虫虫赶快往下分析。

"每12年是一个周期,那么84年的周期,就是84除以12。"虫虫说,"也就是7个周期了。"

"也就是说,从猫年开始,按照这个周期往后延伸?"莫多不理会虫虫,独自捏着年历,跑到了荣耀石上。

冷风呼呼地吹着它的脑袋,使它的脑袋格外清醒。"有了。如果按照这个周期往后推算,那么2020年正好经过了7个周期,所以2020年是人面蛾年。"

它跑下去,欢跳着把这个消息向猞猁们公布。

同时,地下城里所有的动物都跟着欢呼起来。因为虫虫想出的这个好办法,可以让它们把十二生肖年历一直往后延伸下去,直到把白眉黄鼠狼偷走的那一部分全都重新制作好。

通过地下城众多动物的努力,年历很快便重新制作好了。而猞猁们也已经开始雕刻人面蛾,以迎接几年后的光辉灿烂的国庆活动。

$$84 \div 12 = 7$$

鼠老板的藏金袋

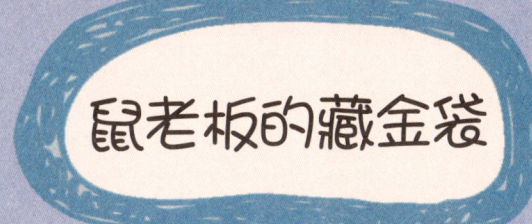

鼠老板科恩积攒了许多金币。每个夜晚，它都要躲到办公室里，把门紧锁上，数袋子里的金币。

它拥有68袋金币，袋子的编号分别为1—68。里面的金币也是从1到68个。

这天晚上，当它把一整天的门票收入装进袋子里，又进行一

次精密的计算时，把其中一个袋子里的金币多加了一次，得出了2400个金币的数量。

当第二天晚上，它又一次数金币时，惊讶地发现金币数量对不上了。

它恐慌万分，恼怒地叫来了所有的员工。

"是你？"科恩瞪着蝗虫鲍勃。

鲍勃吓坏了，连忙摇摇头。

"一定是你。"科恩对着蛐蛐邦妮吼道。

邦妮委屈地流下了眼泪："我没拿。"

"那么，肯定是你了。"科恩简直要扑上去拧蜈蚣贝亚的脖子。

贝亚吓得连忙躲到一旁："不会是我们拿的。一定是你算错了。"

还从未有谁敢这样跟科恩说话，它暴跳如雷，大吼要开除这些员工。

如果没有赖以生存的工作，邦妮与鲍勃就要流落街头，而贝亚也要回到它那远在异乡的陋屋里了。

员工们眼泪汪汪，科恩起了同情心。

它也忽然想起，昨晚由于太困，在数金币的时候打起了瞌睡。

"好吧。既然你们都没有拿，就必须给我弄清楚，我的金币怎么少了那么多。"科恩说。

"一定是多算了一袋的金币。"邦妮说。

科恩的眼珠转了转："如果真是这样，你们就算出究竟是哪一袋金币。要知道，每一袋的金币数量，我可是了若指掌，如果算错。你们全都要滚出地下游乐园。"

51

科恩怒气冲冲地赶走了员工们。

回到宿舍里,三个伙伴在一起哭泣了一会儿,鲍勃说话了:"我们谁也没拿。"

"必须弄清楚究竟哪一袋多加了。"邦妮说,"科恩说过,每个袋子的编号是不一样的,里面的金币数量也是由1至68个。如果是这样,我们只需要把这些金币相加,就知道总金币的数量了。"

它们找来许多石子,可是尽管忙碌了一整个晚上,还是没有算出金币的数量。

贝亚想到了一个好办法:"我们可没有鼠老板那样精明的头脑,算来算去,准要出差错。不如这样算:一对儿一对儿加在一起,1+68=69,2+67=69……68÷2=34(个),共有34个69,可以转换成69×34。"

"是2346个金币。"邦妮喊道。

"再用2400个减去2346个,正好多54个金币。"鲍勃说,"那袋被多加的金币,肯定是编号为54的袋子,而袋子里面也正好有54个金币。"

天刚亮,邦妮、贝亚与鲍勃就找到了科恩。它们把计算的结果告诉了科恩。科恩半信半疑,但通过重新计算,果然,相差的金币数量正好是54个。

它板着面孔,心里却乐开了花。

因为鼠老板可是个吝啬的家伙,它是不会允许自己的员工们偷懒耍滑的。一高兴,它居然大大方方地扔出一个金币。邦妮与贝亚和鲍勃连忙拿着金币溜出了办公室。

因为它们知道,精明的鼠老板科恩可是随时都会后悔的。

聪明的老海盗王

豚鼠老海盗王人老心不老,为了使自己头脑清醒,每天都玩一种填数游戏。这吸引了海盗王、海盗桑德拉和卡门。

海盗军师也是手痒难耐。

但它们不敢轻易填数,害怕自己填不好,被老海盗王嘲笑。

一天,趁老海盗王在睡觉,海盗王、桑德拉、卡门和海盗军师悄悄拿出老海盗王的填数图,聚集在一起研究。

海盗军师心高气傲，它认为自己胡乱填写，也能把数字填对。但填来填去，它涂得一团糟，却怎么也对不上数字。

"老海盗王说过，这个图的每一行和每一列都有8个空，要用数字1，2，3来填写。要求是，填写之后每行、每列所填的数字和都不能相同。"桑德拉笑着说，"听起来很简单，是不是？但是真正动手的话，你会发现要达到这个要求不是那么简单的事情，需要动脑子才行。这个填数游戏非常好玩，你可以试试。"

别看桑德拉很神气，它足足动了一番心思，却也没有什么结果。

卡门拿起笔，神情凝重地写来写去，也以失败告终。

海盗王在心里琢磨着：我可不能失败，要不然，就失了海盗王的威风了。

它早就注意到桑德拉、卡门和海盗军师的填数方法。它们根本不算每一行每一列的结果，只是胡乱地填写。

"依我看，只要每一行每一列的数字不一样。"海盗王说，"得出的结果肯定不同。"

它试着填了填，却也没有填出满意的答案。

海盗们因为这件事情吃不香，睡不着，最终鼓起勇气找到了老海盗王。

"你们说的方法没错，确实需要每一行每一列的数字不同。"老海盗王说，"但这只是我为打发时间而研究出来的。有

许多种不同的填法。"

"那就给我们填一填。"桑德拉期盼着说。

"就是,我也想瞧瞧。"卡门叫道。

海盗军师虽然不说话,但眼睛也贼溜溜地盯着老海盗王握笔的手。

老海盗王专心致志,足足坐了一天一夜,这期间,海盗们玩玩纸牌,喝喝酒,最终不知什么时候睡着了,全滑到了桌子底下。

等它们醒来,老海盗王早就填完了,正坐在椅子上抽水烟。

"生活中有许多事情需要技巧,但也有一些事情,只要耐心钻研就足够了。"老海盗王说,"它可以开发人的智慧。"

1	3
1	1
3	3
3	3
3	3
3	3
3	3
3	3

它把纸拿起来，让几个海盗看。

海盗们很快就算出，这一张纸上，每行每列的计算结果都不同。

"真是不可思议。"桑德拉说，"但比这个游戏更重要的是老海盗王的话，我脾气急，性子暴，做事总是丢三落四。回去我也要再填不同的一张。"

卡门说："我也要填一张。"

海盗军师心中暗下决心，也要琢磨一张出来。

海盗王就更不用说了。它早躲到被窝里玩填数游戏了。

亡灵密室

"呜呜。"

最近,穿山甲媚媚每次路过亡灵密室的门口,都能听到里面传出哭泣声。它把这个令人不安的消息告诉了穿山甲王托博。令它吃惊的是,托博早在关注这个哭泣声了。

下下城里所有的穿山甲们人心惶惶,关于亡灵密室有亡灵复活的消息传遍了整个地下城。

托博带领众多的穿山甲来到亡灵密室的入口。当把手搭到密室的门上时,它

缩回手，想起了猫城里老猫的忠告。

"老猫罗浮说过，如果打开这扇密室的门，会惹来灾难。"托博忧心忡忡。

"也有可能是谁误闯进去了。"媚媚说。

托博清点了穿山甲的只数，并没有少一只。但同时，它惊恐地发现布鲁居然不见了。

"一定是布鲁在里面。"托博惊叫道。

它撕掉密室的封印，打开门，顿时一股阴冷的风吹出来。

可是，里面并没有洞穴，也没有古井，有的只是一面写满古老符号的墙壁。

由于穿山甲们是新来地下城的移民，根本不知道这面墙壁里隐藏的秘密,也没有料到危险正在逼近。

在众多古老的符号当中,有这样4个字——"亡灵禁地"。

托博用手轻轻抚摸"亡灵禁地",可怕的事情发生了。墙壁居然像水波一样晃动起来,一滴绿色的眼泪在"亡灵禁地"滑过,出现1520.1这几个数字。而眼泪正化作数字之间的"."。

如泣如诉的哭泣声更大了,伴随而来的是汹涌的波涛声。此时,它们才意识到,亡灵密室里根本就没有哭泣声,而是可怕的海啸。

托博想关上门,贴上封印,地下城突然剧烈地晃动起来,它与其他的穿山甲们东倒西歪,连脚也站不稳了。

地下城里的猫与猞猁们陆续赶来。

老猫罗浮好不容易跑到托博面前，吼道："瞧你干的好事。你打开了亡灵之门，一旦它们跑出来，会把我们全赶出地下城，使地下城变成亡灵的世界。"

"该怎么拯救？"托博心慌意乱地喊。

"'亡灵禁地'4个字，代表4个数字，你在把手按到墙壁上时，那移动的泪，变成小数点，当向前或向后移动小数点后得出一个数时，原来的数会减去这个数，而出现的1520.1正是相减的结果。趁亡灵跑出来前，必须把绿泪移回原位，使改变的小数点归位，这样，那4个数字将重新变成封印。"

穿山甲们跑的跑，跳的跳，谁也想不出好办法。

年轻的大公猫们也慌了神，全顾着逃命。

没牙的老猫在托博的搀扶下，勉强站稳脚跟："这全是我听

我的祖先说的。我看,今天谁也无法活着出去了。"

杰伦克冲到最前面:"得数的小数点后只有一位数,所以当初小数点一定是移动在原四位数的个位上。"

托博眼前一亮,重新振作起来,它蹿上蹿下,想在地下城毁灭前计算出这个四位数。

无奈心情慌乱,它越想越糊涂。

"别急,也许用列方程式的方法就能解决。"柔弱的媚媚冲上前来。

它用爪子死死地抠住石门,才令自己不被甩出去,飞快地在1520.1的前面写出一个算式:"ABCD−ABC.D=1520.1,我们把ABCD这个未知数设为x后,即x−0.1x=1520.1。"

老猫的眼前一亮:"你真是个聪明的家伙。加油,用这个方法一定能解开。"

杰伦克帮媚媚的忙,在墙壁上写出下面的算式:

$x-0.1x=1520.1$

"把墙上的算式解开,就是0.9x=1520.1,"媚媚说。

"如果这样的话,"托博叫道,"x等于1689了。"

它飞快地擦掉墙壁上的算式,在"亡灵禁地"四个字上,分别写上1,6,8,9,就在数字被写上的同时,好像马上有海水冲进来的墙壁突然不动了,墙上的水波缓缓平静,而整个地下城也停止了晃动。

亡灵密室里吼叫着的亡灵们叹息着,哭泣声也消失了。

"你们真是好样的!"老猫叫道,"我忽然想起,亡灵们会用哭泣声欺骗善良的动物,以试图让大家打开封印,把它们放出来。现在好了,地下城又恢复了生机。"

托博重新把门关上,在外面贴上最后一层封印。

为了避免再有穿山甲上当,它特意在门外加了一层护栏,上了锁,并把钥匙丢掉了。这样,即便亡灵们想跑出来,也没有谁可以打开护栏放出它们了。

螨虫雷尔的银行存款

螨虫雷尔有一笔积蓄,一直存在地下城的蟒蛇多宝所开的银行里。

它满心欢喜地去取金币,打算与百脚虫狄西卡、蜈蚣普里去热带雨林度假。可是,到了银行,它惊讶地发现,自己存的金币居然少了。

多宝摇摇头:"我说过,如果提前把钱取出来,会扣除一部分。扣除的是保险箱的租赁费。"

螨虫雷尔气得大跳，却也无奈地摇摇头，因为它当初与多宝签协约时，确实有这个条款。

可是，多宝仅仅给它37个金币，连买船票的钱都不够。

它呜呜地哭起来，这打动了多宝。

多宝缓慢地踱着步，停在雷尔面前："你知道，生意人从来讲信用，这次，我就破个例。但世界上可没有免费的午餐。"

螨虫雷尔的心中充满了希望："有什么条件？"

"你存在这里的金币数量，是个两位数。"多宝说。

螨虫雷尔点点头，可是它粗心大意，早已忘记是多少个金币，只记得比37多。

"471除以这个两位数，余数正好是37。"多宝说，"只要你正

确回答出这个两位数是多少。我就把原来的金币数量如数奉还。"

雷尔乐坏了，一二三四地胡乱说了许多数。

"这样猜，你早晚都会猜中。"多宝皱起眉头，"但我需要的是你的智慧。"

雷尔努力了一天，也没有给出一个合理的答案跟解释。它垂头丧气地回到家。

"我等你一天了。"普里正坐在雷尔的桌子边喝茶。

雷尔把自己的遭遇告诉了普里。

普里摇头晃脑："你没想过吗？471除以一个两位数，余数是37，那么，471减去37，肯定会被整除。"

雷尔瞪起眼睛："那这个数会是多少？"

"471减去37等于434。"普里在本子上算了一下,说道。

"434会被什么数整除呢?"雷尔问。

它以为普里很快能回答出来,却没想到普里又算了半天,却没有回答出来。

两个伙伴浪费了三个笔记本,把纸屑扔得满屋子乱飞。

"你们在举行什么仪式吗?"百脚虫狄西卡高高兴兴地赶来,"我已经收拾好,马上就动身。"

雷尔急得抹起眼泪。

听说了雷尔的遭遇,百脚虫决定想想办法。"依我看,可以被434整除的数,一定大于余数。"

$7 \times 62 = 434$

$14 \times 31 = 434$

雷尔连忙寻找本子,想再计算一下,却发现本子都被用光了。它沮丧极了,忽然听到一阵沙沙声。

原来聪明的狄西卡正用笔在地上画写:"可以先从分解因数的方法入手,$434=2 \times 7 \times 31$,由此可知$434=14 \times 31$,$434=2 \times 217$,$434=7 \times 62$。"

"你太棒了。"雷尔一下扑到百脚虫身上,"能被434整除的两位数有14,31和62。而只有62>37,所以这个两位数是62。"

它高高兴兴地去找多宝。多宝朝雷尔钦佩地点点头,把62个金币如数给了雷尔。它拿着金币,马上与百脚虫和蜈蚣普里上路,赶往令人向往的热带雨林了。

维拉斯赌城的新玩法

大盗飞天鼠与鼠小弟洛洛赶到了拉维斯赌城,来玩一种新游戏。

赌场鼠老板坐在最大的一张桌前,桌上摆着七张纸牌,牌面分别印有:女王、国王、隐士、战士、预言者、巫医、阳光宝座。

鼠老板恶狠狠地说:"谁赢了,这里有一千个金币可以拿走。输了,口袋里的金币全归我。"

"我手中的纸牌,是七个连续质数,从大到小依次排列为女王、国王、隐士、战士、预言者、巫医、阳光宝座。将这7个质数相加,所得的结果是偶数。那么隐士应该是多少?"鼠老板公布游戏规则。

它飞快地翻弄着纸牌,把一张张神秘的牌压到桌子上。

"要我说,很容易,加一加就知道了。"河狸说。

"如果从小到大排,第一个数字,我看是1。"鳄鱼卫斯说。

鼠老板摇头:"你第一个数字就错了。"

"如果不是1,肯定是2了。"大盗飞天鼠说。

鼠老板居然点点头:"对了。那接下来呢?"

"3。"飞天鼠大喊。

鼠老板失望地说:"飞天鼠说得对!不过,我认为它是瞎猜的。"

飞天鼠支支吾吾:"是我认真思考过的。"

"那么，第三个数字是什么？"鼠老板问。

"4。"飞天鼠说。

鼠老板一脸嘲弄地盯着飞天鼠："如果你认真思考过，就不会说是4了。"

飞天鼠难过极了。

鼠小弟很想帮飞天鼠："如果和是偶数，那么最小质数一定是2。我们可以从这里入手。"

飞天鼠神气活现："告诉我，第三个数字是什么？"

"第二个数字是3，3加2等于5。"鼠小弟说。

"5。"飞天鼠一向信任鼠小弟，想都没想就大吼道。

竟然答对了！

飞天鼠自己也思考起来："如果最小质数是2，那么第四个数

字，一定是7了。"

鼠老板微笑点点头："接下来呢？"

"前面四个数字相加是奇数，后面的三个数字，只要相加是奇数，那么和一定是偶数。"飞天鼠琢磨着，"是9。"

这回鼠老板摇头了，飞天鼠急得满头大汗。

"别急，按照2的倍数算。"鼠小弟说，"2的倍数是4，7加4等于11。"

"11。"飞天鼠叫道。

"哈。"鼠老板说，"你又猜对了。"

飞天鼠不想让鼠老板说自己是胡乱猜测的，于是挺起胸脯解释："现在，后面三个数中，已经有了一个奇数，另两个数的

和必须是偶数了。"

这时飞天鼠跳到桌上,掀开纸牌:"后面两个数是13与17。它们相加,正好是偶数。"

飞天鼠边说,边翻开所有的纸牌,代表女王、国王、隐士、战士、预言者、巫医、阳光宝座的七张纸牌,翻开来,从大到小,正好是七个数字17,13,11,7,5,3,2。

飞天鼠说:"现在,答案一目了然,隐士所代表的正是数字11。"

鼠老板夸飞天鼠聪明绝顶,还要聘它担任这个赌场的主管。

哪知飞天鼠请求白鼠老板:"能不能让鼠小弟当副总管?"

鼠老板一口答应,飞天鼠与鼠小弟欢呼着,它们高兴极了,这样就可以每天都见到好朋友茉莉了。

艾比与马克有办法

蚯蚓艾比与蜥蜴马克除了在种子店工作,还做了一份兼职,帮助面包店的鼹鼠奶奶送面包。

猫城里的大公猫迪克订购了120个面包,两个伙伴把面包送到猫城后,迪克说最近妮娜与美娜出门旅行去了,所以剩余的每只猫就得多分2个面包。

不过,迪克并没有把多余的面包退货,照付了金币。

艾比与马克拿着金币,回到面包店后,不仅得到报酬,还分得了面包。它们回到家后,与蚯蚓大叔和蜥蜴大婶吃了一顿丰盛的美餐。

第二天，马克高高兴兴地找到艾比："缝衣店的老板想请我们去一趟猫城。伯爵在几天前联系缝衣店的老板酷森，说要酷森去为每一只猫缝制一套衣服。它本已经报出了猫的只数。但酷森把记录的纸条弄丢了。"

"需要我们做什么？"艾比问。

"去调查清楚究竟有多少只猫。"马克说，"可以得到两个金币。"

这真是一件好差事，艾比与马克立即行动，到了猫城。但令它们没想到的是，大公猫迪克与霸王猫并不配合。

而且，有几只猫出去买菜了，一时间统计不出猫的只数。

"再这样耽误下去,我们一个金币也得不到。"马克说,"酷森对待员工十分严格,它要求我们十点以前报出准确的猫的只数。哪怕晚一分钟,都不会支付金币。"

艾比与马克急得满头大汗,它们请求母猫们帮忙。

无奈,小母猫们很爱美,不是试衣,就是往脸上涂脂抹粉,根本无视艾比与马克的存在。

"只好我们自己想办法。"艾比想起了昨天送面包的事情,"当时,我们送了120个面包,美娜与妮娜不在。迪克说,面包分给剩下的猫们,每只多分了2个。可不可以通过这个信息查出猫城里猫的数量?"

马克灵机一动:"如果这样算,也许就真能弄清楚有多少只猫。我们列出一个算式,面包的总数=猫的只数×每只猫得到的面包。"

艾比叫道:"马克,你的脑瓜越来越灵活了。"

两个伙伴看看表,如果现在不赶回去,时间就来不及了。

它们决定试试运气,在路途上算出来。

"如果少了2只猫,面包仍旧能均分。"艾比思考着,"这也就是说120有至少两种因数分解方法。"

为了尽快赶路,它们又加快脚步。

艾比说:"照你这样说,120个面包,等于12×10。"

"再计算,还有10×12。"马克说,"每只猫多分2个,正好是120个。"

"12只猫,每只分到10个面包。"艾比终于解开这个难题,兴奋得跳了起来,"走了2只猫后,就是10只猫,每只就分得12个面包。"

"一共是12只猫。"马克与艾比同时喊道。

它们脚下生风,几乎是一路被"吹"到了缝衣店。

酷森听两个伙伴一说,也忽然想起这个数字。它记得确实有12只猫。它很欣赏马克与艾比的聪明才智,不仅付了两个金币,还决定以后把送衣服与收衣服的工作都交给它们完成。

臭鼬夫妻建城堡

臭鼬姬恩太太与格潘先生要建一栋豪华的城堡。所有的材料与工具都准备好了。由于建在地下河道旁边，为防止河水泛滥，要搭很高的地基，在建地基时，它们遇到了麻烦。

为了让地基稳固，需要三种木料，三种拼法，才可以让城堡不被洪水冲走。

"第一种木料的厚度为48毫米，第二种木料的厚度为84毫米，

1.

2. 84mm

第三种则是96毫米。每种木料垒成一个桥墩,这三个桥墩能架起一座非常牢固的桥。"姬恩太太说。

"但是蚰蜒爷爷也提醒过,这三个桥墩的高度要控制一下,不能垒得太高。因为如果垒太高的话,夏季出现飓风时,桥很容易被损坏。"格潘先生补充道。

为了尽快建好房屋,姬恩太太与格潘先生天天忙碌不停,浪费了一大堆木料,却把地基建得歪歪扭扭,根本无法在上面建城堡。

"再这样下去,就要到明年春天去伐树建城堡了。"姬恩太太气得大吼,"你把木料全浪费掉了!"

夫妻俩的争吵被路过的蜈蚣普里听到了。

"先别急着搭地基。"普里说,"得先弄清楚,三种不同厚度的木料,每种需要多少根,才能建成一般高的地基。"

"说得轻巧。"姬恩太太吼道,"你给我试试看!"

普里不声不响,用手指在地上画了一个图:"想要使这三种木料摆放的高度一样,又不能太厚,就要求出48、84、96三个数的最小公倍数,之后就可以分别求出厚度不同的木料的根数了。"

"这么简单?"格潘先生不相信。

"当然没有那么简单。"普里朝后退了一步,让夫妻俩看它画的图。

姬恩太太好像明白一些,却好像更糊涂了:"接下来呢?你不会告诉我们,让我们按照这个怪图去锯木头吧?"

"这张图上可以清楚地看出48、84和96的最小公倍数是多少。48能分解出的因数为4,12;84的因数也是7,12;96的因数是8,12;所以,要算这几个数的公倍数,就要列出算式:12×7×8=672。也就是说,这三个数的最小公倍数是672。"

格潘先生老谋深算,它看出其中端倪:"这么说,48毫米的木条需要用最小公倍数除以48,也就是14根了?"

"84毫米的木条,用同样的方法,也就是672÷84=8根。"姬恩太太也很精明,它马上计算了出来。

"96毫米的木条,就用672÷96=7根。"普里边说,边往回家的路走,它并不是很喜欢姬恩太太与格潘先生,因为它们总是颐指气使地对待别的动物,"每种木条需要的根数已经算出,接下来,只需要你们把木条加起来,就知道究竟要锯多少根了。"

姬恩太太与格潘先生心里很是内疚,它们算出三种木条共需要29根,并闷声不响地开始建房子。

城堡终于建好,它们一改以往的傲慢劲儿,第一个请了普里来家里做客,并且不介意普里领来了它的好朋友,还准备了丰盛的晚餐呢。这真是让地下城里的动物们刮目相看了。

12 × 7 × 8 = 672

猫公主战胜甲虫骑士

母猫美娜与妮娜匆匆赶回家乡,却发现猫城被甲虫骑士占领了。想要救出可怜的猫们,它们必须把黑压压地蠕动在猫城的甲虫骑士们赶走。

但事情并不像它们想象得那么简单,甲虫骑士不仅英勇善战,还生着一对翅膀,只要美娜与妮娜扑过去,它们就立即飞走。

一旦两只猫停下来,它们就落在猫城。

"传说，甲虫骑士们最害怕一种魔法。"妮娜想起了妈妈曾经说过的话，"只要使用那种魔法，它们就会逃走。"

"可是，"美娜说，"那本魔法书被锁在圣殿里。即便我们能够打开书房的门，还有猫精守在那里。除非惊天动地的大事，它是不会让我们看魔法书的。"

两只母猫闯进圣殿，打开了书房的门。

"我不能帮助你们。"猫精摇摇头，"你们根本不知道魔法书的价值。一旦被拿出去，就可能被夺走。"

"如果不看魔法书，甲虫骑士们会继续囚禁我们的同伴。"妮娜的眼睛里泪光闪烁。

猫精很喜欢妮娜，它的心思开始动摇："我不能一口答应你，因为这是规矩——这本书里有78155个魔法。它乘以一个自然

数a得到的结果是一个平方数,你只要回答出a最小值是多少?我就会被这道题中释放出的魔法击中,昏睡三天。到时候,你就可以翻看魔法书了。"

它咧嘴而笑:"自古,还没有猫解开过这道题。"

妮娜的脑袋可是十分聪明。它思来想去,试探着说:"想要知道a最小是多少,就得对78155分解质因数。"

"说说看。"猫精打着哈欠。

"化成标准式,可以为78155=49×29×11×5。"妮娜说。

"不愧是母猫妮娜!"猫精说,"你本该留在猫城,无奈外敌进攻,要活捉公主,所以你才逃到他乡。现在,请快点解开这道题吧。我还真困了……"

机不可失,失不再来。

$$78155 = 49 \times 29 \times 11 \times$$
$$a = 29 \times 11 \times 5$$
$$= 1595$$

为了防止猫精反悔,妮娜的脑袋飞速地思考着,手心里攥出了汗水:"要使a最小,只需让a是由78155的质因数标准分解式中,为质数的那些因数的乘积就可以了。所以,我觉得应该是a=29×11×5。"

"说结果。"猫精叫道。

猫精的哈欠越来越频繁,妮娜知道自己的公式算对了。它叫道:"是1595。"

在妮娜说完这句话的同时,一道白光从魔法书中射出,猫精马上扑倒在书架上睡着了。

妮娜与美娜飞快地看完了整本魔法书,找到了制服甲虫骑士的魔法。

甲虫们落荒而逃,猫城里所有被囚禁的猫都获得了自由,并与猫城的两个公主进行了盛大的狂欢。

被烧掉的信

人面蛾非常关注飞蛾黛拉的一举一动，这几天，它发现黛拉总是愁眉不展。趁着喝下午茶，它问出了心中的疑问。

"叔叔写信告诉我，又有一批蛾卵被装到船上，由地下河道来到森林里。"黛拉说，"可是当时我正在煮东西吃，信飞到火上被烧着了，只剩下前面几个数字。蛾卵到达森林马上就会孵化出小蛾，我要为它们准备食物呢。"

"你是说，如果不知道小蛾的准确数量，我们准备不充分，就会让它们饿肚子？"人面蛾说。

飞蛾黛拉点点头。

人面蛾拿起剩余的信纸残页，看到上面只有四个数字：1989。

飞蛾黛拉伤心地哭起来："我记得是一大串数字，都怪我粗心大意。"

"我可不这么认为。"人面蛾说，"这种事情并不是只有你会碰到。还是赶快想想办法吧。"

它看向信上的文字，大声说道："你叔叔真是帮了我们大忙。它跟你提起有趣的数学游戏。说在1989后面的数字，从第5个数字开始，每个数字都是它前面两个数字乘积的个位上的数字。这样得到1 989 286 884 286 884……它问你，这串数字中，前2008个数字的和是多少。"

"可是，我记得根本没有这么多蛾卵。"黛拉说。

"我知道不是。但我们可以通过这个公式，推算出被烧掉的那些数字。"人面蛾扇动着翅膀，飞到窗口，"这串数字，除去开头的1989，后面都是以286 884为循环节循环，是个6位数。"

黛拉点点头："好像是这样。"

"2008个数字去掉1989这4个数后是2004个数字。"人面蛾想了半天，说道，"1989后面每6个数字为一个循环节，前2004个数字共有2004÷6=334（个）循环节，而每个循环节的和是2+8+6+8+8+4=36，所以前2004个数字的和为36×334=12024。而最前面的四位数的和是1+9+8+9=27，所以2008个数字的和就得出了，即：（1+9+8+9）+（2+8+6+8+8+4）×334。"

白蛾黛拉脸上沮丧的表情消失了。

它跳起来，一下子搂住了人面蛾的脖子："我知道啦。接下

87

来，就要计算27+36×334。最终的结果是12051。"

"可是，这难道是被烧掉的那些数字吗？"飞蛾黛拉立即垂下了脑袋，"都怪我。"

人面蛾又拿起信纸残页，一看，立即叫道："瞧，你叔叔是在考你呢。"

它把残页翻到背面，果然发现一段话：

亲爱的黛拉，我跟你开了一个小小的玩笑。不过，你的数学不好，这众所周知，你可要努力学习。

这一次来的小宝宝的数量，是12051个。辛苦你为它们准备丰盛的第一餐吧。我可是听到小船里的扑腾声了，一定有宝宝已经钻出蛾卵了。

人面蛾与黛拉马上投入到准备食物的工作当中。

它们刚准备好，众多的小飞蛾呼啦啦地飞过来，后面还跟着黛拉最喜欢的叔叔。它为黛拉带来了神秘的礼物。

虫幽灵的宝藏

整日在森林里四处闲逛的大青虫无意中听到了一个秘密。

那天,它正无聊地在青草丛中穿梭,以打发时间,忽然听到一段谈话。

"三个自然数,"这是一个沙哑的说话声,"只要把这三个数找出来,那笔巨额财富就会到我们的口袋里。"

"我听老树精说过,这三个数的和可以被13整除,其中最大的自然数被9除后余数是4。"另一个尖细的声音说。

"可是,老树精说过,想要找到那笔巨额财富,必须知道符合上面条件的最小的三个连续自然数。"

大青虫扒开草丛，看到了两个半透明的毛毛虫。说话沙哑的虫子很胖。说话尖细的虫子很瘦。

大青虫马上想到了传说中的虫幽灵。

它想逃走，却被这段话吸引。

虫幽灵在谈论什么巨额财富？而那三个最小的自然数是多少？

大青虫还想往前凑一凑，一不小心脚下打滑，一个跟头翻到两只虫幽灵身边。它们吓坏了，身体变成一缕青烟消失了。

正当大青虫自鸣得意，以为虫幽灵并不像传说中的那样可怕时，忽然感到一股强光照射下来，它的

身体动弹不了了。

"敢偷听我们的谈话!"胖毛毛虫吼道,"就让你被太阳光晒死。"

大青虫尖叫着:"我什么也没听到。"

"那你知道三个最小的自然数是多少吗?"瘦毛毛虫叫道。

大青虫摇摇头,它马上发现露馅了,因为自己的表现已经证明它一切都听到了。它吓得浑身发抖,以为自己准要死掉了,草丛里突然又传出了沙沙声。

"放了我哥哥。"这是小青虫苏珊。它一路追踪到这里,是想告诉哥哥人面蛾到家中做客了。两只虫子目瞪口呆,显然,没有料到偷听它们谈话的家伙竟

然这样多。它们正要实施巫术,苏珊立起了身体,"我帮你们解决难题,不过你们得放了我哥哥。"

两只毛毛虫不屑地盯着瘦小的苏珊。

"看起来,是很不好解决。"苏珊说,"但我们可以试着将中间的一个自然数设为a,另两个自然数为(a-1)和(a+1)。"

"听不懂你在说什么。"胖毛毛虫的眼睛飞快地转动着。

"这样,根据题意就可知道3a可以被13整除,则a能被13整除。"苏珊想了一下说。

两只毛毛虫的眼神不那么愤怒了,却还是不太相信苏珊。

"究竟是多少?"瘦毛毛虫问。

"(a+1)被9除后余数是4,所以a最小应该为39。"苏珊说。

"我好像明白了。"胖毛毛虫飞快地在地上爬着,它摇头又晃脑,飞快地转向苏珊。"你是说,另外两个自然数为38,40?"

"是不是这样,只要你们算一算就知道了。"苏珊爬向哥哥,"现在,请你们放了它。"

两只毛毛虫在原地咕哝半天,当苏珊再去看它们时,发现它们消失了。苏珊想尽一切办法,想拯救哥哥,却一直没能成功。

它着急地哭起来,越哭越伤心,大青虫也跟着难过起来。

正当两只青虫绝望万分地大哭时,虫幽灵出现了。它们捧着一只透明的果子,解除了大青虫身上的巫术。

虫幽灵把透明的果子朝空中一扔,立即下起一场大雨,这场雨居然是甜的。原来,这正是传说中的巨额财富,它可以让森林更加茂盛与朝气蓬勃。而大青虫与小青虫也获得了自由。

龙冢

"爸爸,你一定有心事。"黑龙凯西不安地盯着老龙王。

最近,它发现爸爸越来越不爱动弹,有时候连眼睛也不眨一下,空洞的眼睛好像望着很遥远的地方。

"它三天没吃过一口饭了。"龙公主忧愁地说。

"四天没有睡过觉。"黄龙犹利说。

三条龙盯着老龙王。老龙王疲惫地眨眨眼:"我老了,要去那个所有龙最终都要去的地方。"

"什么地方?"三条龙同时问道。

"龙冢。"老龙王提到这里,眼神亮起来,"那里有我们所有的祖先,我会和它们团聚。"

尽管龙兄妹既伤心又难过,老龙王最终还是永远地闭上了眼睛。在一道强光中,老龙王化作一条透明的龙。

"带我去龙冢。"老龙王说,"我只有三天的时间,如果不进去,将会化作一团空气永远消失。"

龙兄妹连忙把老龙王带到龙冢附近。可是,它们却怎么也找不到传说中的龙冢了。

"我想起来了。"老龙王说,"我的老父亲曾经说过,想要进入龙冢,必须开启那扇生命之门。可是,只有答对门上的问题，才可以进入。"

三个兄妹四处寻找，犹利的鼻孔里进了淤泥，不停地打喷嚏，淤泥全被水柱掀起来，犹利感到爪子下面好像有什么硬物。

它低头一看，上面竟然有"龙"字。

凯西与龙公主看到这个字，飞快地用爪子抠其他地面的淤泥。很快，它们在地上发现了3行10列共30个小正方格，每个正方格都写有"龙"字或"冢"字。

但没等它们看仔细，这些字就陷进泥沙里。

"我想起来了，老父亲曾跟我说过。"老龙王说，"这些文字正是龙冢的机关。把'龙'和'冢'这两个字填入这10列中，能做到每一列的文字排列顺序不重复吗？如果重复，最少会有几列重复？如果回答对了这个问题，龙冢的门就会开启。"

"可是，它们消失了。"龙公主担忧地说。

绿毛龟爬过来："我掌管这扇门。你们可以先按不同顺序试着把文字填一填，最后就可以直观地得到答案。"

龙兄妹忙碌起来。

龙公主先在第1列填上龙龙龙。在第2列写上龙龙冢，第3列填上龙冢冢。

凯西选择了后面的三列。它试了很多方法，最终填上：冢冢冢，冢冢龙，冢龙龙。

犹利也急着显身手，当它填上了龙冢龙，冢龙冢后，大家都想不出不重复的数列了。

"你们已经填了8列了，最后2列无论怎么去填，都会与前面的数列重复，并且最少会有2列和前面重复。"老龙王得出了答案。

绿毛龟补充道："您答对了，每一个方格只能有'龙'或'冢'这2种填法，每列是三格，于是总共有2×2×2=8，共有8种不同的填法……"

绿毛龟的话还未说完，通向龙冢的门已经打开，老龙王与龙兄妹告别，欢欢喜喜地游了进去。

猞猁送信

猞猁王莫多有一件非常重要的事情，想要通知远在深山老林里的亲戚雪豹们。它要通知的有9只雪豹，分别住在不同的地方。而且，它得到消息，据说，这9只雪豹也同样有事情告诉它。

雪豹们靠打猎为生，根本没有金币，莫多决定它们互相送信所需要的金币，也由自己出。

但在送信这件事情上，它遇到了麻烦。

狐狸默默除了四处闲逛，还有一个工作，就是做地下城的邮递员。它听说要到深山老林里，连忙摇摇头。

"我会付给你足够多的金币。"莫多说。

"提前支付一半。"默默说，而且它提出的金币数量很是惊人。

但为了把信送到，莫多只好同意。

"你们每个要送一封信给对方。"默默说，"要我说，就是100封信了。必须支付100封信的金币。"

莫多恼火得跳起来，可是，它却争辩不出，究竟要送多少封信，才能让另9只雪豹和自己知道全部的消息。

它吃不香，睡不着，整日琢磨着这件事情。

如果耽误送信，恐怕要误了大事。莫多正愁肠百转地嚼着烟叶，一抬头看到了虫虫。

"肯定不是100封信。"虫虫说。

"可是，我算不出究竟有多少封。"莫多摇摇头。

"我认为，不会超过20封信。"虫虫说。

莫多简直吓了一跳,不敢相信地瞪大眼睛:"这样的话,很可能有许多雪豹不知道消息。"

"你先付送9封信所需的金币。"虫虫说,"让默默去深山老林找9只雪豹拿信。"

莫多半信半疑,由于没有别的办法,只好付给默默9封信的金币,让它去了森林里。

几天后,狐狸默默带着信回来了。

莫多拿着9封信,突然恍然大悟:"这么说,只要我再发出去9封信,把我自己的消息,与它们的消息都写在每一封信中,所有的雪豹和我都知道这些消息了?"

"9封加9封,正好是18封。"虫虫说,"这样就省下一笔金币了。"

莫多立即拿笔写信,它发出9封信,现在,所有的雪豹都知道了彼此的消息。莫多再也不害怕哪件重要的事情会被漏传了。

几天后,它们在一个山谷秘密集合,最终完成了那件惊天动地的大事。

金蟾的神奇游泳池

"游泳池?"蛤蟆老兄听说金蟾要在自家院子里建游泳池,立即拍手叫好,"到时候,我们就可以叫上34只小青蛙每天在里面游来游去了。"

金蟾摇摇头:"我如果单纯为了游泳,只要随便跳进地下河就好了。我建游泳池只是想让自己独享一份清静。"

蛤蟆老兄最了解这个表哥了。金蟾每天都静静地坐着沉思默想,很讨厌说话,有时候它去做客,一整天都听不到表哥说一句话。

"眼镜蛇最近解开了我的金蟾符。这样,我就无法再隐身待在家里。"金蟾说,"眼镜蛇又开始跟我不停地唠叨。"

"如果不让我去游泳,我是不会帮助你的。"蛤蟆老兄开始讲条件。

为了让表弟帮助自己建游泳池,金蟾思来想去,决定去求助蚰蜒爷爷。

蚰蜒爷爷拿出一张符:"按照这张符去建3个游泳池,游泳池里就可以产生魔法,到时候,你们无论待在哪个游泳池里,都可以看不到对方的存在。"

金蟾乐得直跳,立即带着图纸回家了。

回到家,两个兄弟犯了难。

"我看不出这有什么玄机。"蛤蟆老兄说。

两兄弟挖了三个泳池。可是,金蟾苦恼地发现,无论自己跑到哪里,都可以看到不停地说个没完的蛤蟆老兄。

金蟾再次找到蚰蜒爷爷。

"年轻人，太心急。"蚰蜒爷爷说，"我的话还没说完。这是一个6×6的正方形，在格点上，有两个黑点，一个白点。"

金蟾看了看，确实是这样。

"你要沿着格线做3个正方形，"蚰蜒爷爷说，"但必须注意三件事。"

金蟾知道这才是关键，连忙要蚰蜒爷爷说清楚。

"第一，每个正方形的顶点各有且仅有一个给定的点（黑点或白点）。第二，所作正方形的边不能重叠。"蚰蜓爷爷说，"第三，3个正方形要一样大，并且边长不小于3。"

金蟾想了半天，终于画出了图纸，它连忙赶回家。

这时候，大嘴蛙也来做客。

三兄弟又开始进行挖掘，它们按照图纸建造了三个游泳池。

突然，三个游泳池中间幻化出一朵朵莲花，形成的一堵高大的荷花墙把游泳池里的三兄弟隔开了。从此，它们彼此真的看不到对方了。

这样，蛤蟆老兄可以欢天喜地地请来34只小青蛙；大嘴蛙可以在另一个游泳里神神秘秘地唱着歌；金蟾呢，它最自在了，无人打扰，又可以在水里泡澡喝茶，思考事情，尽情地享受着悠闲的生活。

有趣的厨艺大赛

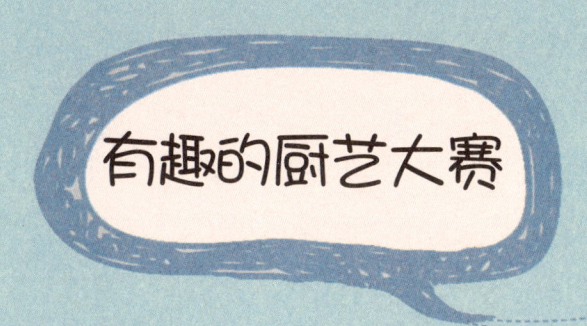

母猫美娜除了工作外，最喜欢烹饪。母猫伊薇、蕾特和妮娜总是在美娜煮美味的食物时，跟着它一起学习烹饪。

一年下来，母猫们的厨艺大有长进。

公猫们见到美味的食物，垂涎三尺，琢磨出一个好点子。

迪克与伯爵找到美娜，煞有介事地说："你最好对母猫们进行一场考核，再颁发给它们一些奖章。它们一高兴，就会每天给我们做美味的食物了。"

美娜当然知道公猫们馋嘴，但它确实也有这个想法。

美娜跟母猫们交谈过后，大家一致同意比较一下厨艺。

"就煮25道菜。"妮娜公布比赛规则，"由大公猫们品尝，每一道菜，如果所有大公猫都满意，就得4分，只要有大公猫不满意，就扣1分。如果不做任何评价，就不扣分。"

比赛开始了，大公猫们跃跃欲试，它们吃得肚儿圆圆，尽兴而归，全都跑去睡觉去了，只有美娜还留在现场，计算分数。

美娜宣布："伊薇得了80分。蕾特得了78分。妮娜得了75分。"

妮娜不服气，它认为美娜是自己的妹妹，自己绝不可能比她做的差。

它没想到美娜在计算评分时一板一眼，没给自己一点儿照顾。但妮娜又有些害怕办事认真的妹妹，在品菜时，它就守在自己的菜盘前，多少记住了自己的哪道菜好吃，哪道菜不好吃。但总数却不记得了。

它决定弄清楚这件事情。但通过两天的调查，那些大公猫除了说好吃，不好吃，谁也不记得自己究竟为哪一道菜做过评价。

"这样下去可不行。"妮娜每天躲在卧室里回想着自己做过的菜。

但不得不承认的是，它想得一团糟，最后连曾经记住的菜的分数都忘记了。

"我不会偏心，"美娜早就看出妮娜的心思，"你的分数确实是那些大公猫评来的。"

"那就告诉我，我的菜得分的有几道，扣分的有几道。"妮

娜气呼呼地说。

美娜摇摇头，认为姐姐太任性。

它决定用自己的智慧，令姐姐改掉这个坏毛病："如果25道菜都让公猫满意，该是4×25=100分。"

妮娜说："那些大公猫最贪吃，它们很可能连评分也忘记了。"

"我站在每一道菜边，特意听它们的看法。"美娜说，"你实际上得了75分。"

"相差25分。"妮娜叫道，"这简直不可能。"

"先别急，听我说。"美娜说，"首先，我们想想，不满意的菜和满意的菜相差的分数是（4+1）=5分。所以每道满意的菜所得的分数和每道不满意的菜所扣的分数是不一样的。"

"那你就算出来,我的菜满意的有几道,不满意的有几道。"妮娜说,"我就不再为这事生闷气。"

"如果全满意,是100分,减去你的分数。"美娜说,"就是被扣掉的分数,也就是100-75=25(分)。"

妮娜从椅子上跳起来:"满意的菜和不满意的菜相差5分,用被扣去的分数除以这5分,25÷5=5(道)就是不满意的菜的盘数吗?"

"当然是啊。"美娜的眼神里流露出自豪的光芒,"25道菜,减去这5道,正好是你满意的菜的盘数。一共有20道。"

妮娜的低落情绪不见了,它跳起来,又叫又笑,这对它来说,真是一个太好的成绩了——因为它其实根本没有听过几次课。

它决定以后一定好好跟妹妹学习做菜,以达到每道菜都令大公猫们满意。

海盗们的棒球比赛

由于有了总是吃不完的美味的魔法餐桌,船上的豚鼠海盗们每天大吃大喝,几个月下来,都胖得连路也走不动了。

"再这样下去,你们恐怕连床都下不了了。"老海盗王准备收起魔法餐桌。

海盗军师与海盗王进行抗议。

海盗桑德拉与卡门请求老海盗王千万不要这样做。

众多的海盗们眼泪汪汪,它们可舍不得这张桌子。

"如果把魔法餐桌收回,那我们又要风里来雨里去地进行劫掠了。"狡猾的海盗军师威胁老海盗王,"到时,我们又全都变回邪恶的家伙,这是你最不愿意看到的。"

老海盗王也想到了这一点,它有点儿犹豫,思来想去,想出一个绝妙的主意:"想要我不收回魔法餐桌,你们就得进行棒球比赛。"

海盗们欢呼着,立即组成了四队。

桑德拉带一队。

卡门带一队。

海盗王与海盗军师各带一队。

几场热热闹闹的比赛下来,胜负分出来了。

老海盗王宣布:"桑德拉获得第一名,卡门与海盗王并列获得第二名,海盗军师获得了第四名。"

四个海盗可从未听说过这个游戏,也不知道胜负是怎么算的。

尤其是海盗军师,它根本不相信自己会输在最后,就去找老海盗王评理。

"你们是两队一组进行比赛的。"老海盗王说,"按比赛规则,胜的一方得2分,平局则各得1分,输的一队不得分,也不扣分。至于究竟得了第几名,你算一算就知道了。"

海盗军师气呼呼的,觉也不睡地琢磨着这件事。

海盗卡门、桑德拉和海盗王同样与海盗军师一样,也想知道自己得了多少分。

"我们一共进行了三场比赛。"桑德拉说,"而我跟海盗军师对垒。"

"我们也同样进行了三场比赛。"海盗王说,"我与卡门对垒。"

"我记得,我们比完赛,获得老海盗王的掌声最多。"桑德拉说,"而所有的海盗们,也都为我们欢呼。那场比赛实在精彩。"

海盗军师对此嗤之以鼻,因为它们的队不但没得到喝彩,还被海盗们投了鸡蛋与石头。

"我们的比赛最激烈。"海盗王说,"海盗们紧张得手心里攥出汗,场外都听不到喘息声。"

"是啊。"卡门也感慨,"每一次,我们进了球,它们也进球。我们双方交替进球。不相上下。"

"你们分析得真是有道理。"老海盗王满意地点点头,"照这样分析下去,很快真相就浮出水面了。"

四个海盗面面相觑,它们又展开了新的推理与分析,不仅睡觉的时候,连做梦也想着这件事。

第二天一大早,桑德拉连蹦带跳地找到老海盗王:"如果我没猜错,我与海盗军师的三场比赛,我全胜。这样,每一场比赛下来,得2分。三场比赛正好是6分。"

老海盗王眨眨眼:"聪明的桑德拉,你分析得一丁点儿也不错。"

海盗军师还赖在被窝里,它也全想起来了,自己比赛只被喝倒彩,根本没进一个球,按理说,连1分也得不到。所以,肯定是0分,也就是最后一名了。

海盗王与卡门刚睁开眼，就去找对方。

"嘿！我们比了三场，三场都没有分过胜负。"卡门激动地说，"一定是每一队每场得1分，一共得了3分。"

"我也这么认为。"海盗王大叫道，"而且，我做梦还梦到我们的比赛呢。真是旗鼓相当，棋逢对手啊。"

它们向老海盗王请教。

老海盗王点点头："你们也分析得没错，事实就是这样。比赛只是为了锻炼身体。瞧，这一折腾，你们果真变瘦了。"

海盗们全都看向自己的身体。它们大吃一惊，果真如此，大肚子已经消失不见了。它们连忙跑到球场上，大叫着还要来一场。

	1	2	3	总分
1队	2	2	2	6
2队	0	0	0	0
3队/4队	1	1	1	3

霸王猫当图书管理员

地下城的猫国开了图书馆。

迪克由于读过许多书，博学多才，被聘为图书馆的馆长。而霸王猫则荣升为图书管理员。

别看霸王猫头脑精明，但除了在地铁里看过许多广告，根本没读过书。所以每天都泡在一排排书架中翻看精美的图书。

这一天，图书馆闭馆，在查看书架上的图书时，霸王猫吓出一身冷汗。

在最前排的书架上，一共有六层，分别摆放了15本，16本，18

本，19本，20本，31本图书。上午来了两只猫，一下子借走了其中五层的书。

"都怪我偷懒。"霸王猫万分自责，"如果不专注地看书，我就知道它们究竟借走多少本了。可是我太懒，恰巧第一只借书的猫刚走，第二只猫就来了。我以为自己有聪明的脑瓜，就只写了第二只借书的猫是第一只借书的猫所借书量的2倍。"

霸王猫揪着脑袋上的毛发，眼泪汪汪地盯着空空的书架自言自语。

它的说话声吸引来迪克，听说了它的遭遇，性格冷静的迪克要霸王猫安静下来。

"别着急，别害怕。"迪克说，"你看书学习是件好事，只是以后一定要注意工作的时候也要认真。"

"如果找不到书，我就没脸再当管理员了。"霸王猫把脑袋埋进爪子里。

"那我们就先看看剩下的那一层书架上还有多少本书？"迪克说。

当两只猫抬起头，发现书架上一本书也不剩了。

原来，霸王猫万分自责，不停地用脑袋撞书架，把上面的书全撞到了地上。地上还散落着其他排的书架上的书，这样，可就无法算出这一层书架究竟有多少本书了。

霸王猫沮丧得连头也不敢抬了。

"让我看看整理的数据。"迪克依旧不着急，从数据上它查出，这个书架上的六层中，分别摆放了15本，16本，18本，19本，20本，31本图书。

"把它们加起来，一共是119本书。"迪克说。

"可是，这样也算不出借走多少本书啊。"霸王猫的眼泪吧嗒吧嗒流，不停地道着歉。

"遇到难题，就要解决难题。"迪克说，"让我们来分析一下，第一只猫借走的书，我们先把它定为1份，第二只猫借走的书是第一只猫的两倍，也就是2份书，两只猫共借书是1+2=3（份），也就是两只猫借走书的总数一定是3的倍数。"

迪克有意不说话，让霸王猫来分析。

霸王猫左思右想，突然露出了笑脸："119-15=104，119-16=103，119-19=100，119-18=101，119-20=99，119-31=88。

119

只有119−20=99时，是3的倍数。"

迪克微微一笑："谁说读书没有用！你真是从书中得到了许多知识。"

通过迪克的鼓励，霸王猫也有了自信心："也就是说书架上剩下的那一层是20本书。而99÷3=33，也就是第一只猫借走33本，第二只猫借走66本。"

迪克露出惊讶万分的神情："你现在比我还厉害。"

两只猫把20本书摆到书架上，几天后，两只猫来还书，数量果然是33本和66本。

霸王猫从这件事情中得到了教训，它不再马马虎虎地工作，只有在没有顾客时才看书，这样，工作效率提高了，它再也没出过差错。

蚰蜒爷爷的难题

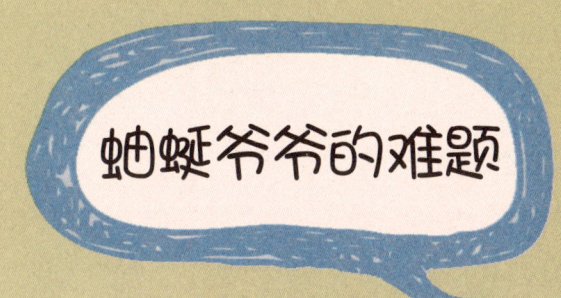

34只小青蛙学习很认真，这让三只青蛙妈妈很是高兴。

它们四处炫耀自己的宝宝，却在蚰蜒爷爷那里碰了一鼻子灰。

"学无止境。别骄傲，别自满，让我来考考小青蛙。"蚰蜒爷爷端着长长的烟袋锅，拿眼睛瞟着小青蛙。

"快说，快说。"由于妈妈们的赞美，小青蛙们已经不相信它们回答不出哪一道难题了。

"这道题也许很简单。"蚰蜓爷爷眨眨眼,"从1~1989的自然数中,完全平方数共有多少个?"

小青蛙们呱呱叫,跳到桌子上,蹦到吊灯顶,全都张开嘴回答,却没有一只小青蛙说对。

青蛙丽莎、蔓达与吉莉垂头丧气地回到家,难过得连饭也吃不下。

"我以为我们的小青蛙无所不能。"丽莎抹着眼泪。

"我与你想得一样。"蔓达低眉顺眼地说。

吉莉只是长长地叹口气。

三姐妹商量来商量去,决定去请教大嘴蛙。大嘴蛙不仅嘴巴大,本事还很大。可就算是这样的一只青蛙,还是没有回答出这道问题。

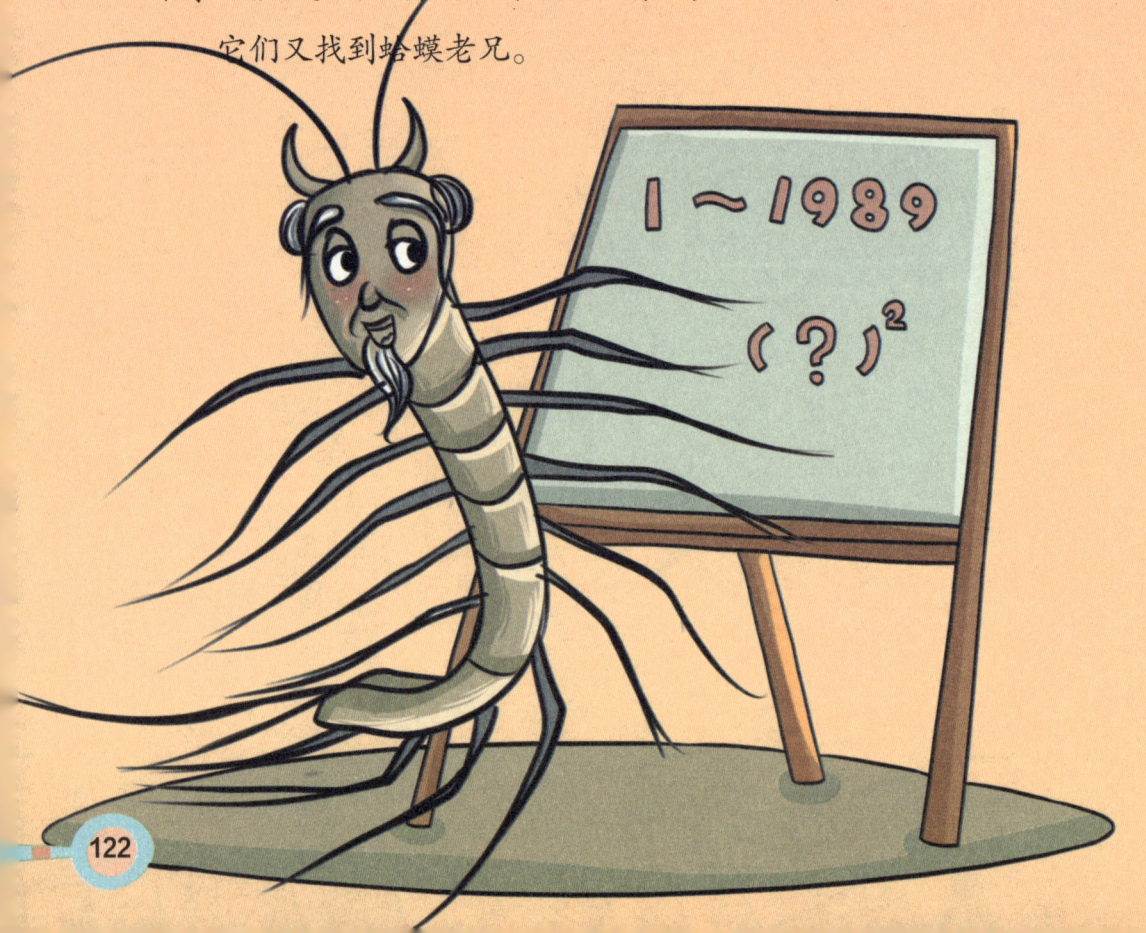

它们又找到蛤蟆老兄。

蛤蟆老兄乱说一通，说得它们头昏脑涨。

最后，它们去请教金蟾表哥。

金蟾不声不响坐了半天，开口道："解铃还须系铃人。蛐蜒爷爷是想你们改掉骄傲的不良习气。马上去道个歉，请教它，一定能解开这道难题。"

三只青蛙妈妈领着小青蛙们，走进蛐蜒爷爷的小屋里，连声道着歉。

蛐蜒爷爷笑眯眯地说："要虚心做事情。$44^2=1936$，这个数小于1989。"

青蛙妈妈们虚心听着，小青蛙们也静悄悄的。

"$45^2=2025$，这个数大于1989。"蛐蜒爷爷继续说。

小青蛙乔乔最虚心，它第一个想到了答案："那就是说，从1～1989的自然数中，完全平方数有44个？"

蛐蜒爷爷开口笑了，并拿出糖果奖赏乔乔："你回答得一点儿也不错。"

蛐蜒爷爷不偏也不向，34只小青蛙每只都得到了糖果。它们笑哈哈，又蹦又跳闹不停，纷纷大喊要向蛐蜒爷爷认真学习。

蛐蜒爷爷不吝啬，决定好好教教小青蛙。从这以后，蛐蜒爷爷的小屋里整日蹦跳着小青蛙，它再也不孤独了。

老女巫的花园

狐狸默默与白眉黄鼠狼相遇在一个花园里。它们相遇的方式颇为离奇,当两个家伙相遇时,正看到对方泪眼蒙眬,号啕大哭。

"我迷路了。"默默绝望地叫道,"走了整整两天,还是没找到出口。"

"根本不是迷路。"白眉黄鼠狼说,"而是被困在了这里。我们闯进了老女巫的城堡。这个花园被魔法控制。虽然看着四周草木旺盛，而天空又是那么蓝，可就是找不到出口。"

狐狸默默一屁股坐到地上："我们要饿死在这里吗？"

听默默一说，白眉黄鼠狼感到双腿一软，也坐到地上。它饿得连路都走不动了。两个家伙靠在一起，不停地说着自己吃过的各种各样的美味。

说着说着，默默摇摇晃晃地站起来："我可不想死在这里。我还要去吃各种各样的好东西呢。"

白眉黄鼠狼也爬起来："我知道世界上最美味的厨房，就在老女巫的城堡里。"

两个伙伴的目光碰撞到一起，都看出了对方的心思。原来，它们正是奔着老女巫的城堡来的。

它们不再感到饥饿，双腿也有了力气。

"我想，女巫既然设置了这个魔法，那就

一定有解开魔法的方法。"默默说，"我们找一找。"

两个伙伴四处寻找，在草丛的石基上，发现了一张被刻上去的图。

"这一定就是花园的地形图了。"白眉黄鼠狼来了精神，"一定是老女巫年纪大了，害怕自己走进来，也出不去。所以才画了这张指示图。"

默默不停地摇头："我根本没看出这里有什么指示。"

白眉黄鼠狼不得不承认，自己也没有看出来。

两个家伙坐在地上，又开始唉声叹气。这时候，城堡里飘出一股肉香。

"只要有吃的，我就能干成世界上任何艰难的事情。"白眉黄鼠狼跳起来，来回走，"一定得赶快出去。"

它猛然一抬头，忽然看到一张丑陋的大脸从空中探过来，吓得一哆嗦。

"没有我，你们谁也出不去。"这个猫脸猪身的怪物说，"只要把你们身上的金币都给我，我就给你们点儿提示。"

默默与白眉黄鼠狼想都没想，就将口袋里的金币全掏出来，给了这个怪物。

"快让我们出去。"默默叫道。

"可没这么简单啊。"怪物眨眨眼，"你们瞧这花园的地形图，AB是它的直径——既然你们掏了金币，我就透露一点，当时，你们两个闯进来，狐狸从A点、白眉黄鼠狼从B点同时出发，相向匀速而行。在第一次相遇在C点，这时狐狸走了30米；第二次相遇是在D点，这时白眉黄鼠狼还差20米回到B点。"

两个家伙听得一头雾水。

"只要计算出这个花园的周长，你们就可以出去。"怪物突然消失了。

默默与白眉黄鼠狼破口大骂，却没有引出怪物。它们只好自己想办法。就这样又熬了半天，星光满天，默默哭得眼泪也没有了。

白眉黄鼠狼的鼻子东闻西嗅，它闻到藏在暗处的怪物在偷吃好东西，猜到它肯定也去城堡了。这可馋坏了白眉黄鼠狼，它走走跳跳，不停地砸着脑袋。

这一砸，它真有了主意："默默，你想想，我们第一次相遇时，合起来走了半个周长；从C点开始到第二次在D点相遇时，共走了一个周长。这样算，一共走了一个半周长。"

默默擦掉眼泪，不敢相信地眨着眼睛："可是，我们究竟走了多少米？"

"我们合起来每走半个周长，你就走了30米，也就是你一共

走了90米。"白眉黄鼠狼说。

"这就是所有的路吗？"默默跳起来。

"当然不是。"白眉黄鼠狼说，"还得去掉BD之间原20米的距离，这样，就是半个圆周的长了。"

此时，默默又闻到一阵肉香，它的口水流出三尺长，一点儿也不沮丧了："用90米减去20米，就是半圆的周长，也就是70米，这个长度的两倍，是140米。你是说，这个花园一共有140米的周长？"

还没等白眉黄鼠狼回答，整个花园就消失了。

怪物说话还真是算话，两个伙伴冲着黑夜竖起大拇指，连忙溜进了城堡里。

装金币的口袋空出来，正好可以塞各种美味的食物。它们装满美味，趁着老女巫醒来之前，一阵烟似的跑出了女巫城堡。

人面蛾的重要约会

人面蛾很想单独约见飞蛾黛拉，但它最近好像很忙，每天不停地接见一些客人。有一天，趁着飞蛾黛拉在树林里散步，人面蛾提出了自己的请求。

"我想在2月的某一天见你。"人面蛾说，"因为害怕你忙，所以想请你自己定时间。"

飞蛾黛拉睁大眼睛："可是，最近有许多客人来拜访我。你是知道的，自从上了动物杂志，每天都有许多慕名而来的飞蛾。"

见人面蛾垂头丧气，飞蛾黛拉想让它高兴起来，就说："最近，已经有三批客人约好了来拜访我。这三批客人的数量互不相同但又相邻，每批的数量都大于1。说来也巧，它们的数量乘积正好是它们要来看我的日子的日期。你如果能算出这是哪一天，说不定我就可以挤出时间见你了。"

人面蛾立即振奋起来："给我点儿时间，一定让你得到满意的答案。"

与飞蛾黛拉分开，人面蛾立即回到树上的城堡，一头扎到日历上。

它把2月的日期翻了个遍,也没想出黛拉究竟说的是哪一天。

它垂头丧气,不停地唉声叹气。

"老兄,又遇到麻烦了?"好事的大青虫爬进树上的城堡,钻进人面蛾的房子里。

人面蛾把自己的苦恼告诉了大青虫。

大青虫翻着日历,在2月的日期上用笔圈圈点点。

它最后把眼睛盯在了24日上。

"你怎么确定是24日呢？"人面蛾一头雾水。

"记住，这三批客人的数量互不相同但又相邻。"大青虫爬到桌子上，喝着香香的奶茶，"也就是说这三批客人的数量是三个连续的自然数。首先，我们试试排除法。"

"怎么排除？"人面蛾被这段话吸引住了。

"1×2×3=6。"大青虫说，"2×3×4=24，3×4×5=60。"

"这能说明什么呢？"人面蛾问。

"我们先把从1开始的3个连续自然数依次相乘。"大青虫说，"因为2月份是28天，只有1×2×3=6和2×3×4=24符合条件。"

人面蛾得到了启发："因为每批的只数都大于1，那么只有2×3×4=24符合条件，对吗？"

大青虫笑而不答，它不仅喝光了自己的奶茶，还把人面蛾的那一份也喝掉了。但人面蛾并不介意。

人面蛾跑跑又跳跳，兴奋地大喊道："大青虫，你真是我的好朋友。经你这么一提醒，我知道了。飞蛾黛拉的确是在24日那天约见这些客人。而且三批客人的数量分别是2，3，4。"

为了感谢大青虫，人面蛾特意拿出蜂蜜与苹果，让大青虫想吃多少吃多少。而人面蛾一阵风似的飞到了飞蛾黛拉的家门前，把答案告诉了它。

"你真是聪明的人面蛾。"飞蛾黛拉说，"25日我有时间，你一定要准时到。"

人面蛾激动得又想哭，又想笑，连忙跑回自己的城堡，给了大青虫一个热情的拥抱。

1. 李华期中考试语文、外语、自然的平均成绩是80分，数学成绩公布后，他的平均成绩提高了2分。李华数学多少分？

2. 50升水倒入一个棱长为5分米的正方体空水池中，水深多少分米？把一块石头完全浸没其中，水面上升了3厘米，这块石头的体积是多少立方分米？

3. 甲、乙两人环湖跑步，环湖一周长是400米，乙每分跑80米，甲的速度是乙的1.25倍。现在两人同时向前跑，且起跑时甲在乙的前面100米。多少分后两人相遇？

4. 有一口水井，连续不断地涌出泉水，每分涌出的水量相等。如果用3台抽水机来抽水，36分可将水抽完；如果使用5台抽水机抽水，20分可将水抽完。现在要求12分内抽完井水，需要多少台抽水机？

5. 在300米长的环形跑道上，甲、乙两人同时同向并排起跑，甲平均每秒跑5米，乙平均每秒跑4.4米。两人起跑后的第一次相遇在起跑线前多少米？

6. 甲、乙、丙三人行走的速度分别是每分钟60米，80米，100米。甲、乙两人在B地，丙在A地与甲、乙二人同时相向而行，丙和乙相遇后，又过2分钟和甲相遇。求A、B两地的路程。

7. 自然数的平方按从小到大排成1、4、9、16、25、36、49……问第612个位置的数字是几?

8. 幼儿园陈老师带了112元钱去商店买一种玩具若干个,由于这种玩具每个降价1元,陈老师所带的钱可以比原计划多买2个。陈老师原来准备买多少个这种玩具?

9. 商店里有6只不同的货箱,分别装有货物15,16,18,19,20,31千克。两个顾客买走其中5箱货物,而一个顾客的货物重量是另一个顾客的2倍,商店里剩下的那箱货物是多少千克?

10. 小白兔、小灰兔射击比赛,约定每中一发记20分,脱靶一发则扣12分。它们各打了10发,共得208分,小白兔比小灰兔多得64分。它们俩各打中几发?

11. 甲、乙、丙三人进行象棋比赛,每两人赛一盘,胜一盘得2分,平一盘得1分,输一盘得0分。全部三盘下完后,只出现一盘平局,并且甲得3分,乙得2分,丙得1分。那么,甲( )乙,甲( )丙,乙( )丙,填胜、平、负。

12. 有一个电子表,每走9分钟亮一次灯,每到整点响一次铃,中午12点整,电子表既响铃又亮灯,请问下一次既响铃又亮灯是几点钟?